、原発。

大飯原発地裁判決からの出発

小出裕章、海渡雄一、島田　広、中嶌哲演、河合弘之

岩波ブックレット No. 912

司法への絶望と希望――裁判所は3・11に向き合えるか

小出裕章

司法に絶望していた

私はかつて二度、主体的・積極的に原子力発電所(以下、原発と表記)の是非をめぐって裁判を闘った。一度目は、東北大学大学院の学生だった頃、私は仲間とともに東北電力の女川《おながわ》原発の建設に反対していた。そして仲間が工事を妨害したと逮捕された時に、原発の安全性、不当性を正面から議論したいとして裁判を受けて立った。日本で初めて原発の科学的内容で争った裁判だった。当時は、日本中、世界中が諸手を挙げて原子力の夢に酔っていた時代だった。それでも、東京大学の水戸巌さん、清水誠さん、早稲田大学の藤本陽一さん、東京水産大学(現東京海洋大学)の片田実さんなど錚々《そうそう》たる学者が私たちに力を貸してくれた。しかし、裁判では私たちの主張は一顧だにされず、敗訴した。工事妨害という刑事事件を取り扱った裁判であったから、原子力の安全性が取り上げられなかったとしても無理のないことかもしれない。

次に関わった裁判は、私が一九七四年春に京都大学原子炉実験所に職を得てからで、四国電力伊方原発の設置許可取り消し訴訟だった。この裁判では、原発が抱える広範な問題について科学的な論争が闘われた。そして、あらゆる面で原告側の圧勝だった。国側の証人として出廷した学者たちの中には、証言台に突っ伏す者もいた。安全審査なるものが実態の伴わないものであることが次々と明らかになった。さらに裁判所による文書提出命令に対しても国は従わなかった。いったいどういう論理を用いれば、住民側に敗訴を言い渡せるか、想像もできなかった。しかし、実質的な審理を進めてきた裁判長が判決直前に突然交代され、新たに赴任してきた裁判長は一度も法廷で審理をしないまま判決を書き、住民に敗訴を言い渡した。原発の安全性は高度の技術的な判断を必要とするもので、行政の裁量処分だというのが基本的な考え方だった。ひたすら国側の主張を書き連ね、最後に、「(被告の主張は)いずれも認められる」というだけの判決だった。その後、一九七九年には米国スリーマイル島で、日本政府が決して起こらないと主張していた事故が事実として起きた。私は二審の高裁で証人として法廷に立ったが、その判決文には私が証人として出廷したことすらも記載されていなかった。さらに最高裁に行き、一九八六年には旧ソ連のチェルノブイリ原発で破局的な事故が起きた。それでも、最高裁は日本の原発は安全だとして住民に敗訴を言い渡した。

その時点で私は、三権分立は単なる建前にすぎず、少なくとも国家の根幹に関係する原子力の場合には司法は独立していないと思い知らされた。裁判官にしても言ってみればサラリーマンである。彼らは学者と同じく社会的にエリートとして認知され、上昇志向が強い人たちである。国家の根幹に関することで国に楯突くような判決を書けば、出世の道が絶たれることは当然である。

福井地裁判決の意義とまだ生きていた司法

しかし、二〇一四年五月二一日の福井地裁の判決は素晴らしいものだった。その判決が生まれたことには二つの理由がある。まず、樋口英明(裁判長)、石田明彦、三宅由子の三人の裁判官がいてくれたことである。彼らは「原子力発電技術の危険性の本質及びそのもたらす被害の大きさは、福島原発事故を通じて十分に明らかになったといえる。本件訴訟においては、本件原発において、かような事態を招く具体的危険性が万が一でもあるのかが判断の対象とされるべきであり、福島原発事故の後において、この判断を避けることは裁判所に課されたもっとも重要な責務を放棄するに等しいものと考えられる」と判示し、行政の裁量に任せるのではなく、司法として自ら判断する道を選んだ。こうした裁判官がまだいてくれたことをありがたく思うし、彼らの未来が明るいことを願う。

第二の理由、そして最大の理由は、福島第一原発事故が起きたという事実である。これまで日本の原発は絶対に安全で住民を避難させる必要が生じるような事故は決して起きないと国も電力会社も言ってきたが、それが事実によって否定された。

今回の判決を受け、原子力を推進してきた人たちはゼロリスクを求めることは科学的でないと批判している。しかし、原子力推進派こそ原発の破局事故は決して起きないとして、科学を逸脱したゼロリスクを主張してきたのである。そして、今回の判決では、「大きな自然災害や戦争以外で、この根源的な権利(人格権のこと――引用者注)が極めて広汎に奪われるという事態を招く可能性があるのは原子力発電所の事故のほかは想定し難い」と事実を述べ、だからこそ「かような危険を抽象的にでもはらむ経済活動は、その存在自体が憲法上容認できないというのが極論にすぎるとしても、少なくともかような事態を招く具体的危険性が万が一でもあれば、その差止めが認められるのは当然である」と判示したのである。科学は何よりも事実を重んじるもので、今回の判決はまさに科学の原則に則っている。そのうえ、日本は世界一の地震国である。地震の予知がいまだにできないことも事実であるし、全国で一七箇所の原発のうち四つの原発で、二〇〇五年から二〇一一年までのわずか六年の間に五回にわたり、想定した地震動を超える地震が到来したことも事実である。それにも拘わらず、原子力推進派は「確たる根拠のない楽観的な見通しのもとに初めて成り立ち得る脆弱な」考えのもとに原子力を進めてきたのである。どちらが非科学的かなど改めて論じるまでもない。

これまでの原発をめぐる裁判の歴史からすれば、上級審でも今回の判決が維持されるだろうと楽観視することはできない。しかし、福島第一原発事故が起きたという事実は消えない。何よりも事実に立脚した今回の判決を覆すとすれば、司法に対する人々の信頼は根底から崩れるであろう。司法の場にいる人々には自らの責務が何か、しっかりと考えてほしい。

これまで日本では五八基の原発が「安全性を確認した」として認可されたが、そのすべては自民党政権が認可したものである。もちろん福島第一原発もそうであり、その原発が事故を起こしたにも拘わらず、誰一人として責任をとっていない。それどころか、今はすべてが止まっている国内の原発の「安全性を確認して」再稼働させると言っている。さらには新規の原発も建設し、海外に輸出すると言っている。まことに呆れた人たちだと私は思う。ただし、自民党を政権の座に座らせているのは国民である。これまで原子力に正面から向き合ってこなかった多数の人々には、ぜひ、この判決を読み、原子力が持つ圧倒的な危険に気づいてほしい。

「原発銀座」の名を返上する日へ

中嶌哲演

五月二一日の福井地裁の判決をふまえながら、それ以前から協議と準備を進めていた「もう動かすな原発！ 福井県民署名」キックオフ集会が八月九日、福井市で開催され、二百余名の県民が参加した。そこで採択された「アピール」が、西の原発銀座・若狭の過去・現在・未来を集約してもいるので、次にかかげたい。

福井地裁の判決をふまえながら

なぜ若狭は、世界一の原発密集地帯になったのでしょうか。なぜ福井県の嶺北（人口約六五万人）ではなく嶺南（人口約一五万人）に、なぜ関西圏（人口約一五〇〇万人）ではなく若狭に一五基もの原発群が集中したのでしょうか。

「フクシマ」の原発震災は、地元住民だけではなく広大な周辺住民から、田畑や山林、海や川、商店街や町工場、役所をはじめ、保育園や学校、病院や福祉施設、神社や寺院、先祖代々の墓地まで奪い、住民や地域の過去の思い出や未来の希望まで奪いつくしています。

かの福井地裁の判決では、「万一の大事故＝フクシマ」の過酷な現実をふまえ、「二五〇㎞圏内に居住する」住民の請求に応じて、「原子炉を運転してはならない」と言い渡しました。

再稼働をもくろむ電力会社や国や県は、平常時の一万倍もの被曝を前提とした避難計画の強行に余念がありません。しかし、判決後の原告団声明でも指摘している通り、「そもそも大電力消費圏による過疎地域への原発群の押し付けという差別的な構造を温存したまま、原発の再稼働や延命を容認することはもはや許されない」のではないでしょうか。

今日、「現在を生きる私たちと未来の子どもたちが健康で安心して暮らせるように」、そして「原発をなくして、新しい仕事と雇用を増やす福井県」にするために、「原発の再稼働を認めないでください」と西川知事に要請する県民署名を開始します。県下一七市町で、大中小のグループ・団体で、あらゆる職場で、インターネットで、署名の意義を深く学び合いながら、多数の県民の「もう動かすな原発！」の意志を表明しましょう。

また巨大地震に襲われる可能性のある国内のすべての原発から、「二五〇km圏」内外の人々にも支援や協同を呼びかけましょう。

「原発銀座」化に抗して

表（次頁）を参照していただきたい。東の原発銀座・福島の一〇基を大幅に上回る、世界一の集中化である。しかし、その無味乾燥な年表の背景では、いずれの一基たりとも、地元住民や原発反対福井県民会議などの疑問や批判、反対運動なしに建設されたものはない。

たとえば、大飯一・二号機の反対運動――地元の開業医を中心に数百名の町民が「大飯町（現・おおい町）住みよい町造りの会」を結成、当初八基誘致の秘密協定を関西電力と結んだ町長

GE＝ゼネラルエレクトリック社(アメリカ)
WH＝ウェスチングハウスエレクトリック社(アメリカ)

		炉型	出力(万kW)	運転開始	原子炉設置許可	主契約者	建設費(億円)
敦賀原発	1号	沸騰水型	35.7	1970.3	1966.4	GE	390.6
	2号	加圧水型	116	1987.2	1982.1	三菱重工	4204
美浜原発	1号	加圧水型	34	1970.11	1966.12	WH/三菱原子力	300
	2号	加圧水型	50	1972.7	1968.5	三菱原子力	300
	3号	加圧水型	82.6	1976.12	1972.3	三菱商事	817
大飯原発	1号	加圧水型	117.5	1979.3	1972.7	WH/三菱商事	1879
	2号	加圧水型	117.5	1979.12	1972.7	WH/三菱商事	1224
	3号	加圧水型	118	1991.12	1987.2	三菱重工	4600
	4号	加圧水型	118	1993.2	1987.2	三菱重工	2536.7
高浜原発	1号	加圧水型	82.6	1974.11	1969.12	WH/三菱商事	661
	2号	加圧水型	82.6	1975.11	1970.11	三菱商事	607
	3号	加圧水型	87	1985.1	1980.8	三菱商事	2811.8
	4号	加圧水型	87	1985.6	1980.8	三菱商事	2123.6
ふげん		原型炉	16.5	1979.3～2003.3	1970.11	5グループ	685
もんじゅ		原型炉	28	—	1983.5	東芝/日立/富士 三菱商事	5900

※原子力資料情報室編『原子力市民年鑑 2011-12』(七つ森書館)より作成

表　若狭の原子力発電所

をリコール、用地基盤整備工事の一時中止にまで追い込んだが、最終的には建設が強行された。三・四号機の増設時には、数名の町民のみが県内外から二六〇〇名の「公開ヒアリング反対」集会・デモに路傍からエールを送っただけで、一九〇〇名もの機動隊や警官隊が小さな大飯町を制圧、九九億円の電源三法交付金などで屈服を強いたのである。

たとえば、高浜三・四号機の増設をめぐる町長選挙は、五選をめざす候補者と保守系良識派の候補者の激しい一騎打ちとなり、三八〇〇票対三四〇〇票の僅差で前者が辛勝した。が、選挙の三カ月前に、関西電力や大手ゼネコンなどの従業員六〇〇人もの住民票が高浜町に移されていたにもかかわらず、四〇〇票差であった。「美しいままで／子どもらに残してあげよう／この町を」を合言葉にした、若い母親たちの署名や議会傍聴活動は日の目を見ることなく終わった。

ちなみに、三〇年以上の老朽原発の稼働と引き換えに、敦賀市・美浜町・おおい町・高浜町には各二五億円の交付金がすでに支給されており、プルサーマルを容認した高浜町は六〇億円の交付金が支給されることになっている。

この四十余年間に若狭の原発群は約二・五兆キロワットの電力を五〇万ボルトの超高圧電線で関西圏へ送ってきた。関西の原子力ムラは約五〇兆円のビッグビジネスを展開したことになるが、地元への交付金等の還元はその百分の一程度ではないだろうか。百分の九九側の横暴支配。現代都市文明の経済至上主義を支えた原発の「必要神話」と科学技術信仰に近い「安全神話」が、「原発マネー・ファシズム」による原発現地の「国内植民地化」を促進してきたと言えよう。

以上は、「原発銀座」化のプロセスのごく一端を示し得たに過ぎない。福井地裁の判決は、まさに経済と科学技術の専権を退け、地元・周辺住民(二五〇km圏内)の「人格権」の優先をまっとうに認定したのである。

原発等を阻止しつづけた小浜市民

関西電力の小浜原発問題が浮上したのは一九六八年頃である。当時、小浜市民は敦賀・美浜・高浜原発の計画や建設、市長や市議会多数派の誘致表明に包囲されていた。略述せざるをえないが、小浜市民は半世紀近くの間、小浜原発誘致を三度、使用済み核燃料中間貯蔵施設の誘致を二度にわたって阻止しつづけてきたのである。

その前史として、地元漁民や住民の自助努力(漁業権の駆使、トンネルの開通、道路整備)があった。人口三万四〇〇〇人、有権者二万四〇〇〇人の小浜市民は、都市部では分裂していた政党政派や諸団体の大同団結をはかって「原発設置反対小浜市民の会」に結集、有権者一万三千余人の請願署名によって、誘致派の市長の断念を実現したのである。一九七六年、二度目の誘致を阻止した際には、「原発の財源より市民の豊かな心を選ぶ」という当時の市長の言明を得た。また二〇〇四年、中間貯蔵施設誘致を阻止する直前には、五〇年間で一二〇〇億円の交付金供与の誘惑もあったが、市民は一万四〇〇〇人の反対、三四〇〇人の賛成署名で決着をつけた。

大飯原発から一〇km以内の住民分布では小浜市民が七五%、「地元」の大飯町民が一四%。もちろん、大飯一・二号機の建設、三・四号機の増設にも対岸の小浜市民は反対したが、「隣接自治体・住民」として排除され続け、再稼働前後すら同じ扱いを受けた。地籍内に原発が立地している「自治体・住民」のみが、電力会社や原子力行政にとっての「地元」なのだ。

これらの運動の中で表明されていた小浜市民の三〇年も前からの切実な声を伝えておきたい。

•子ども、孫の代まで一生死刑宣告を受けたのと同じである。とにかく止める事お願いいたします。

•これ以上の増設は絶対反対。家の二階からよく見えて事故なきを毎日祈り居る状態です。

•二児の母として断固反対致します。

・さけびたいほど反対です。これ以上デンキをおこさないでも昔の様に皆んなはたらくとよろしい（七八歳の老婆）。
・原発をもたぬ都会でのムダ使いを何とかならぬものか！
・何年か先、いろんな困ったことが出てきて、その時になって子や孫からこれを許した我々が、どれだけうらまれることか、あやまってすむような単純なものではないと思う。

「フクシマ」後の福井県民の動向

「フクシマ」以後、小浜市議会は全国の市町村に先駆けて、政府と国会に「原子力発電からの脱却を求める意見書」を提出した。

これまで若狭の原発問題に無関心だった嶺北市民・住民の間にも、不安や関心が高まり、県下各地での大小の集会、県庁前での持続的な抗議行動、講演会や映画会、被災した子どもたちの保養受け入れ、市民有志による「サヨナラ原発・福井ネットワーク」や「福井から原発を止める裁判の会」の結成などが、既存の反対運動組織のワクをこえて広がった。

とくに「裁判の会」を先導したのは、嶺北の熱心な市民有志（医師や自営業者、女性、住職や牧師、元記者など）、福井や金沢の若手弁護士であった。福井県の近代における南北問題でもあった、嶺南・若狭地域の冷遇が、関西圏へ大量電力を供給する原発集中化を促す条件になったとも言えるだけに、その献身的な活動は心強い。

「もう動かすな原発！　福井県民署名」実行委員会が、嶺北の七市をはじめ県下一七の全市町で展開されようとしていることも、こうしたフクシマ以後の延長線上にある。

住民・地方自治の本領を取り戻すために

福島の「原発銀座」化も、たぶん若狭のそれと類似のプロセスをたどったはずである。一朝一夕に「フクシマ」が引き起こされたのでは決してない。もし原発の再稼働や延命を許すならば、若狭が「ワカサ」へ転化しない保証もない。

若狭が(国内の他の原発現地も)、「原発銀座」の名を返上する日へ向かおうとするならば、福井地裁の判決直後に出した原告団声明の末尾で述べた決意を実行する以外はないように思う。

——ほとんど失われかけていた司法への信頼に大光明を点じた本判決に励まされ、喜びを分かち合いながら、「住民・地方自治と国民主権」(憲法の眼目)の本領を取り戻して、立法や行政に強力にはたらきかけるとともに、地元の原発関連の雇用や経済を転換し、真に安全・安心な自然環境と生活が保証される「原発ゼロ社会」を、国内外の広範な市民と連帯しつつめざしたい。

原告となった人々の声(抜粋)

●**今大地晴美さん**(福井県敦賀市)
二〇一三年二月一五日/第一回口頭弁論
「原発は、沖縄の基地と同じく、差別が生み出したものといえます。経済や雇用やエネルギーと私たちの命を天秤にかけないで下さい」

●**浅田正文さん**(石川県金沢市・福島県から避難)
二〇一三年七月二四日/第三回口頭弁論
「私は、第二の人生を楽しむべく、早期退職し、東京から福島県田村市都路町に妻と移り住み、自給自足を目指した生活、山菜を摘み、冬には薪ストーブの暖かさに心も温まる生活をしていましたが、原発事故によりそれらが一瞬にして奪い去られてしまいました。福島へ戻ったとしても、自給自足の生き生きした生活は望むべくもありません」

●東山幸弘さん（福井県大飯郡高浜町）

二〇一三年一〇月八日／第四回口頭弁論

「避難先とその手段が明示され、必要な訓練が行なわれない以上、また、住民が一〇〇パーセント被ばくしないで避難できない以上、原発を運転しないで下さい」

●木田節子さん（茨城県水戸市・福島県から避難）

二〇一三年一二月一九日／第五回口頭弁論

「人間は、自分が住み続けたいと思う場所に最後まで居られる訳ではないのだ、時には自分の意志に関係なく理不尽にも追い出されることがあるのだと、原発難民になって初めて気が付きました」

●水戸喜世子さん（大阪府高槻市）

二〇一四年一月二二日／第六回口頭弁論

「この国土と住民の存亡がかかった裁判です。事故発生確率が〇・一パーセントでも稼働してはならないのです。なぜなら、起きうる被害額の平均値がいくらになるのかの期待値計算は、〇・一パーセントの事故確率×国家規模の損害額＝やはり国家規模の損害額だからです。発生確率が零でない限り、発生する被害額の平均値は無限大です」

●世戸玉枝さん（福井県小浜市）

二〇一四年三月五日／第七回口頭弁論

「私は五年前から子育て支援のサークルを始めて、たくさんの若いママ、かわいい子どもたちと仲良くなりました。その時から私は、この子たちを核の被害から守るのが原発の地元に住む大人の責任と強く願うようになりました。目先の利益より、これからの子どもたちの命を守ることが大人の責任です」

●山本雅彦さん（福井県敦賀市）

二〇一四年三月二七日／第八回口頭弁論

「原発事故は、想定できるものを過小評価した人災であります。専門家や研究者が若狭湾岸の原発敷地内外の活断層の存在を否定できない証拠を次々と示したにもかかわらず、大飯原発の再稼働が強行されたことは、阪神・淡路大震災以降及び福島の教訓が生かされてないといわざるを得ません」

「王様は裸だ」——事実と常識に基づく判決が出されるまで

島田　広

福井で耐震設計の不備が認定されたことの意味

大飯原発福井訴訟弁護団（団長は佐藤辰弥弁護士）は、二〇一二年一一月三〇日の提訴以来、福井・石川の実働メンバー一一名、その他全国各地で応援いただいたメンバーを加えて総勢七七名の弁護団で、訴訟を闘ってきた。原発の地元で原発訴訟に加わることにはさまざまな困難が伴う中で、多くの弁護士が弁護団に参加し、忙しい中で困難な訴訟活動に尽力した。とりわけ、この訴訟の準備段階から中心となった弁護団事務局長の笠原一浩弁護士、金沢から毎回弁護団会議に通い、東京の弁護団会議にも頻繁に出席して全国との連携に尽力した鹿島啓一弁護士の活躍は大きかった。二人をはじめ若い弁護士たちの活躍は特筆に値する。

一方で、弁護団には、私を含め、一九八五年に提訴されたもんじゅ訴訟の弁護団員が何人かいる（佐藤弁護団長は提訴当時から、私は一九九八年から同弁護団に参加）。このもんじゅ訴訟は、行政による原子炉設置許可処分の無効確認を求めたもので、一審の福井地裁では負けたが、二〇〇三年に名古屋高裁金沢支部で逆転勝訴し、これが日本の原発訴訟史上初の住民側勝訴判決となった。しかし、その画期的判決も、二〇〇五年五月に最高裁で覆され、私たちは「国策」に対する最高裁の卑屈な姿勢を思い知らされ、苦い思いをしたのだった。あれから九年後の今回の福井地裁判決であり、その間には福島の悲劇があった。

多数の活断層と原発が密集する福井で、耐震設計の不備を理由に原発の運転差し止めが認められた意義は、とても大きい。太平洋側からは太平洋プレートとフィリピン海プレート、日本海側からはユーラシアプレートの一部のアムールプレート、これらのプレートに押されて弓なりになった日本列島。その真ん中の日本海側のくびれにあるのが福井県であり、県内やその周辺には多数の活断層が存在する。ここに国内最多の一五基(廃炉中のふげんを含む)の原子炉が集中する。世界でもこれほどの原発密集地域は他にない。福島原発事故前から「原発震災」について警告してきた地震学者の石橋克彦氏は、原発震災を警戒すべき場所として、新潟県中越沖地震で被災した柏崎刈羽、東海地震の震源域にある浜岡とともに、直近に活断層がいくつもあり大地震空白域でもある若狭の原発群をあげている(石橋克彦「原発に頼れない地震列島」『都市問題』二〇〇八年)。

今回の福井地裁判決が、この原発震災の危機に直面する福井を、いや、再び原発震災が起これば破綻しかねないこの日本を、救うものとなることを願ってやまない。

3・11後の裁判官の反省と模索の中で

今回の判決の中で、理論的に関心を集めているのが、原発の運転差し止めを命じる場合の要件とされてきた「具体的危険」の問題だ。

一九九二年の伊方原発訴訟最高裁判決は、「原子力災害は万が一にも起こしてはならない」というのが原子炉等規制法の趣旨だと判示した。ところが、その実際の運用をになう行政は、電力会社を中心とした原子力ムラの「虜《とりこ》」となり、安全性より経済性を優先し、法の趣旨をないがしろにする原発行政を続けてきた。そして、人権を守る最後の砦《とりで》であるはずの司法も、それを追認してきた。そのための最大の根拠となったのが、「原発の運転差し止めを認めるには、差し止めを求める住民側が、原発事故により大規模な放射性物質の外部放出が起こる具体的危険を立証しなければならない」という論理だった。たとえば隣地のガケ崩れ防止措置の請求やビル建設の差し止めといった比較的規模の小さい事件に適用される論理が、事故となれば巨大かつ回復不可能な災害を引き起こす原発の差し止め訴訟にも機械的に適用され、けっきょく、一〇〇〇年に一度くるかどうかという巨大地震は「具体的危険」とはみなされなくなった。その結果引き起こされたのが、福島第一原発事故だった。

事故の後、原発の危険性を訴える市民の声に耳をかそうとしなかった裁判所が強く批判されたのは当然だった。そうした批判の中で、また原発震災の深刻な被害を知る中で、裁判官の中からも、これまでの原発訴訟のあり方を反省する声がきかれるようになった。

たとえば、最高裁司法研修所が二〇一二年一月に開催した特別研究会では、原発訴訟の審理のありかたについて福島の事故を受けた討論があったとされる。共同通信は、「裁判所が安全性の審査により踏み込む必要性については、ほかの参加者にも異論はなかった……ある裁判官は「放射能汚染の広がりや安全審査の想定事項など、福島事故を踏まえ、従来の判断枠組みを再検討する必要がある」と提案。安全性の審査・判断を大きく改めるべきだとの考えを示した。国、電力側の提出した証拠の妥当性をこれまで以上に厳しく検討する狙いとみられる」と報じている。

過去に原発訴訟にかかわった元裁判官たちからも、過去の反省とともに原発に対するより厳しい司法審査の必要を説く声があがった。中には差し止めの要件である「具体的危険」についても緩和されるとの見通しを語るものもあり、まさに今回の判決を予感させるものがあった（磯村健太郎ほか『原発と裁判官　なぜ司法はメルトダウンを許したのか』朝日新聞出版、二〇一三年）。

樋口英明裁判長は今回の裁判の中で、「この裁判を専門技術的な判断が求められる裁判だと思ったことはない」と、きっぱりと述べた。この発言は、原発訴訟を高度な専門技術的訴訟と捉え、司法にはそれを判断する力量はないとして、行政の安全審査の追認に終始してきた、これまでの司法のあり方との決別を意味していた。それは、福島原発事故により証明された原発の高度の危険性を踏まえ、司法が「万が一にも原子力災害を再び起こさないでほしい」という市民の強い期待にこたえようと姿勢を改めた、一つの転換点だったともいえる。

この裁判長の発言、そして「具体的危険」の意味を深く追求した今回の判決は、奇抜なものでも何でもなく、裁判官の中で進行していた反省と模索の、必然的結果なのである。

裁判所はなぜ「差し止め」を選んだか

さて、もう少し具体的に訴訟の経過を紹介しよう。「なぜ、勝てたのか？」――私たちが判決後繰り返し受けた、この質問への答えだ。私は、福島の現実、当事者双方に率直に疑問をぶつけて真実を見極める裁判官の真摯な姿勢、まともに質問に答えない関西電力の不誠実な態度が、今回の判決が出された大きな原因だと考えている。

訴訟の中で私たちは、福島の事故の現実に目を向けるべきであること、原発の耐震設計には多くの問題があり、巨大地震により再び取り返しのつかない事故に至る危険があることを何度も強調した。福島の被災者には二回にわたり意見陳述をお願いし(本書一二〜一三頁参照)、ほかにも、福井の住民が福島第一原発事故以来感じ続けている不安を、意見陳述として繰り返し裁判所に伝えた。また、国会事故調などの福島事故関連の書証や、チェルノブイリの被害実態を示す研究報告を提出した。

裁判長は被災者の意見陳述に熱心に耳を傾けていた。国会事故調の報告書を裁判長が詳細に吟味していることは、法廷での言葉の端々から感じられた。裁判長が福島第一原発事故をしっかりと受け止めていることは、訴訟が進むにつれて手に取るようにわかった。

裁判長は、関西電力に対して、原告が主張する事故想定や原発の危険性について、できる限り詳細に認否するよう繰り返し求めた。その結果、原告の主張の中でも関西電力も認めざるをえない事実が多数明らかになった。これが、今回の判決の事実認定の確固とした足がかりとなった。今回の訴訟では、多くの原発訴訟で行なわれてきた専門家証人の尋問を行なわなかった。判決を読めばわかるように、その理由は、原発の危険性は福島第一原発事故で十分証明されていること、安全性を評価する上で重要な問題点について関西電力も認めている事実が多いことにある。従来の原発訴訟がともすれば長期化しがちだった中で、今回の訴訟が提訴からわずか一年半で判決に至ったのは、そのためだ。

また、裁判長は、わからないことを当事者に質問(法律用語で求釈明という)することに躊躇《ちゅうちょ》しなかった。判決まで八回にわたる口頭弁論期日と七回の進行協議期日が重ねられたが、毎回、いくつもの質問が裁判所から当事者になされた。最初のうちは、原告に対する質問が多く、後半になるにつれて、被告への質問が増えていった。その過程で、関西電力側の回答の不合理さ、疑問に正面から答えない不誠実さが、次第に明らかになった。

たとえば、判決の中でも指摘されている、原発の耐震設計の基準となる地震動（基準地震動）を超えた地震が過去一〇年たらずのうちに五回もあるという点について、裁判長は強い関心を示し、現在の耐震設計基準との関係を当事者に質問した。これに対する関西電力の回答は、「問題となった過去五回の地震のうち、一部は太平洋側のプレート間地震だから日本海側の大飯原発とは無関係、その他は新しい耐震審査指針で対応済み」というものだった。しかし、原告が問題提起し、裁判長も関心をもった、「何故、科学的知見をもとに作られたはずの基準地震動がこう何度もやすやすと超えられてしまうのか」「基準地震動そのものの信頼性に疑問はないか」という点については、まともに答えられなかった。

また、裁判所が二〇一三年一二月に被告に行なった、「使用済み核燃料の危険性をどう考えているか」「大飯原発にどの程度の地震がくると想定しているか」という二つの質問には、二〇一四年一月一五日が回答期限だったのに回答せず、二月一〇日にようやく書面を提出した。いずれも原発の危険性に関する基本的な問題で、電力会社ならすぐ回答できるはずなのに回答が引き延ばされたことに、裁判長は強い不快感を示した。

さらに、裁判長は、関西電力の資料に、基準地震動より小さい地震がきただけで原子炉の冷却にとって重要な主給水や外部電源の喪失が起こりうると記載されていることに驚き、「これは本当か」と何度も関西電力に確認し、「そうだとすればイベントツリー（事故の対応方法を示した系列図）が本当に機能するかが争点になる」と指摘した。しかし、関西電力は、これに対しても、ストレステストの結果等についてとおりいっぺんの主張しかしなかった。

けっきょく、事前に裁判長が質問した問題点で関西電力がまともに答えなかった論点が、すべて今回の判決の理由の柱となった。関西電力は自ら墓穴を掘ったかたちだ。

わからないことを裁判官が率直にきく、そして事業者側がそれに十分答えない、という構図は、実はもんじゅ訴訟でも繰り返されたものだ。この訴訟の控訴審は、進行協議期日に当事者双方がさまざまな論点についてプレゼンを行ない、裁判官が疑問点を質問して議論するという審理のスタイルだったが、その中で、国や旧動燃（動力炉・核燃料開発事業団。現日本原子力研究開発機構）が、裁判官の質問に十分答えられないことが何度もあった。これが、画期的な住民側勝訴判決につながった。

裁判官が裁判をする上で、わからないことを納得できるまで当事者に尋ねることは当然のように思われるが、実はそれをきちんとすれば、原子力ムラによってゆがめられた安全審査では覆い隠せない深刻な問題点が、浮かび上がってくるものなのかもしれない。

裁判官が「王様は裸だ」という勇気

今回の判決については、「専門家である行政の安全審査こそが大事」「判決は素人の幼稚な判断」といった批判がある。中には福島事故への反省を欠いたかのような高飛車な論調のものも目立つ。

しかしながら、日本の安全審査がいかに不十分かは、数々の専門家からの指摘がある。そもそも、原発の耐震設計にとって欠かせない巨大地震の際の地震動(強震動)のデータの蓄積は、日本では過去半世紀分ほどしかなく、特に建物の被害と地震動の関係を示す詳細なデータが得られるようになったのは、一九九五年の阪神・淡路大震災以降だとされている。数百年から数千年、あるいは数万年というスパンでの地球の地震活動からすれば、あまりに乏しいデータしかない状況で、当然、基準地震動の想定には大きな誤差が伴う。ところが、その誤差をどの程度考慮すべきかについての基準がきわめて不十分で、電力会社の恣意的な想定を許している。地震の過小評価を許さない根本的な基準の見直しが必要である。

また、日本の原発の安全基準は世界の基準からすれば大幅に立ち遅れていることが、多くの専門家や原発技術者から指摘されている。とりわけ事故に至らないための基本的な設計の安全基準、人力に頼らない過酷事故対策に関する安全基準などが貧弱だと指摘されている。まさに、今回の判決のほうが、世界の目から見れば科学的で正しい指摘だったといえるのだ。

志賀《しか》原発二号機運転差し止め判決を書いた元裁判官の井戸謙一弁護士は、なぜ多くの原発訴訟で住民側敗訴の判決が出るのかという質問に、「担当裁判官も住民側の主張はもっともだと思ったはずだ」と述べる。その上で、「だけど、けっきょく踏み切れなかった。それは素人の裁判官が、一流の専門家の判断を間違いだと裁判所の判決という公文書で決めつけることに、躊躇があったんだろうなと思います」という(神坂さんの任官拒否を考える市民の会編『原発を止めた裁判官――井戸謙一元裁判官が語る原発訴訟と司法の責任』四八頁)。

けっきょく、多くの裁判官は、童話「裸の王様」の、王様が裸だと知りながら宮廷のお偉方の言うことにさからってまで裸だとは言えなかった、気弱な大人たちのような存在だったといえるのかもしれない。それに対し、勇気をもって「王様は裸だ」といい、住民の生命と安全を守るために、安全に関する市民と世界の常識に立ち返って判断したのが、今回の福井地裁判決なのだ。

福島第一原発事故後、原子力安全委員会の委員長だった班目《まだらめ》春樹氏は、国会事故調の調査に対して、従来は「三〇年前の技術」で安全審査が成り立っていた、「これだけ世界に迷惑をかけたのだから最高の安全基準を定めるのが当然の責務だ」という反省の弁を述べたが、事故対策の要である免震事務棟もないままに大飯原発を再稼働させるという、あまりに性急な再稼働の動きをみる限り、その反省が十分なされたとは到底思えない。裁判官が市民の期待にこたえ、勇気をもって「王様は裸だ」といい続け、電力会社や行政の姿勢を変えることが求められる状況は、まだまだ続くだろう。

そのためには、多くの市民が、福島の悲劇を繰り返してはならないという強い思いを声にして、社会全体に伝え続ける必要がある。既に私たちのもとには、地域をこえ国境をこえて、多くの市民からこの判決を支持する声が届いている。この声を、さらに大きく響かせたい。

関西電力は二〇一四年五月二二日、地裁判決を不服として控訴した。私たち弁護団もこうした市民の思いを胸に控訴審を闘い、この素晴らしい判決を絶対に守り抜く覚悟である。

司法は生きていた——動かしようのない事実と論理に裏づけられた判決

海渡雄一

長い原発訴訟の歴史の中で、今回の大飯原発差し止め訴訟の福井地裁判決は、どう位置づけることができるだろうか。本稿の目的は、それを考えることである。

私はこの裁判の第一回の法廷で弁護団を代表して意見を述べた。その中で、これまで裁判所は原発事故を未然に防ぐことのできる機会を何度も与えられていたにもかかわらず、それを活《い》かすことができずに3・11を迎えてしまったと指摘した。もんじゅの高裁判決（二〇〇三年一月二七日、名古屋高裁金沢支部）と志賀二号機の地裁判決（二〇〇六年三月二四日、金沢地裁）という二つの勝訴判決はあったものの、いずれも上級審で取り消され、結果として、原発に対する厳しい司法判断が確定したことは一度もなかった。このことを司法自身の責任としてとらえてほしい、福島でこれだけ多くの方が被害に遭い、生命と生活とを奪われているという事実を直視し、司法の失敗の歴史を繰り返さないように、司法としての責任を果たしてほしい、と述べたのである。

八回の口頭弁論を経て出された判決文を見てみると、まさしく私たちが求めていた3・11後の司法判断としてのあるべき姿が示されている。

裁判長は法廷で約一時間をかけて判決要旨を読みあげた。福島原発事故を正確に踏まえ、平易な言葉で書かれた力強い文章には目を瞠《みは》らされた。この判決には、一人一人の国民にも読んでほしい、一緒に考えてほしい、という深いメッセージが込められている。

福井地裁判決は、まず、人の生命を基礎とする人格権は日本の法制下でこれを超える価値を他に見出すことはできないもっとも重要な権利であることを認め、この人格権を侵害するおそれのある原発の差し止めを請求できるのは当然であるとした。

次に、原発に求められる安全性について、原発の稼働は経済活動の自由という範疇にあり、人格権の概念の中核部分より劣位に置かれるべきだと述べ、ひとたび深刻な事故が起これば多くの人の生命、身体やその生活基盤に重大な被害を及ぼす事業に関わる組織には、その被害の大きさ、程度に応じた安全性と高度の信頼性が求められて然るべきであるとした。そして少なくとも、福島第一原発事故のような事態を招く具体的危険性が万が一でもあれば、差し止めが認められるのは当然とした。原発技術の危険性の本質及びそのもたらす被害の大きさは、福島原発事故を通じて十分に明らかになったとし、福島原発事故の後において、具体的危険性が万が一でもあるかどうかの判断を避けることは裁判所に課された最も重要な責務を放棄するに等しいとした。この判決に込められた司法の覚悟を示した判示だ。

地震科学の不確実性と平均像に基づく想定の破綻

判決では、どれほどの地震が大飯原発で起きうるかという基準地震動の予測が大きなポイントとなった。ストレステストの結果によって、大飯原発では、一二六〇ガルを超える地震で原子炉の冷却システムは崩壊し、非常用設備ないし予備的手段による補完もほぼ不可能となり、メルトダウンに結びつくので、この規模の地震が起きた場合には打つべき有効な手段がほとんどないことを関電側も認めていた。判決は、地震学会でこのような規模の地震の発生を一度も予知できていないこと、地震は地下深くで起こる現象であるから、その発生についての分析は仮説や推測に依拠せざるを得ず、仮説の検証も、実験という手法がとれない以上、過去のデータに頼らざるを得ないと指摘する。地震科学の経験科学としての本質的な限界を正しく指摘したといえる。そして、大飯原発には一二六〇ガルを超える地震は来ないとの確実な科学的根拠に基づく想定は本来的に不可能であるとして、その根拠として、我が国において記録された既往最大の震度は岩手宮城内陸地震における四〇二二ガルであり、この地震は大飯でも発生する可能性があるとされる内陸地殻内地震であること、若狭地方には既知の活断層に限っても陸海を問わず多数存在すること、既往最大という概念自体が、有史以来世界最大というものではなく近時の我が国において最大というものにすぎないこと、などを挙げている。

関西電力は、地裁判決の翌日に控訴したが、その控訴理由書の中で、断層の大きさ、断層破壊の起こり方、地盤の増幅特性が異なり、判決は地域性を無視しているなどと反論した。また、四〇二二ガルの観測値には縦揺れ成分が大きく、これをもって大飯原発の危険とするのは誤りであるとも主張している。しかし、地震動が大きくなった理由を特殊な地域性に求めてみても、それは地震が起きたあとにわかったことである。過去に記録のある少数の地震の平均像をもとに地震動を想定すれば、地震発生のメカニズムが完全に解明されているわけではないから、地震が起きる前には、それぞれの地点に地震動を増幅させる他の特殊な要因があるかないかは、正確には予測不可能であり、想定よりも非常に大きな地震が起きる可能性は常に存在するのである。

基準地震動の設定方法に根本的な誤りがある

また、判決は、基準地震動の設定方法そのものに疑問を提起している。判決はとりわけ全国で二〇箇所にも満たない原発のうち四つの原発に五回にわたり、想定した地震動を超える地震が二〇〇五年以後一〇年足らずの間に到来しているという事実を重視する。そして、地震の想定に関しこのような誤りが重ねられてしまった理由については学術的に解決すべきものであって、裁判所が立ち入って判断する必要のない事柄であり、これらの事例はいずれも地震という自然の前における人間の能力の限界を示すものというしかない、と判示する。

前記の五回とは、次の地震である。

① 二〇〇五年八月一六日……宮城県沖地震／女川原発
② 二〇〇七年三月二五日……能登半島地震／志賀原発
③ 二〇〇七年七月一六日……新潟県中越沖地震／柏崎刈羽原発
④ 二〇一一年三月一一日……東北地方太平洋沖地震／福島第一原発
⑤ 二〇一一年三月一一日……東北地方太平洋沖地震／女川原発

石橋克彦氏によれば、実は五回ではなく、七回だという。東北地方太平洋沖地震時の東海第二原発と二〇一一年四月七日の余震時の女川原発でも基準地震動を超えているという（石橋克彦「原発規制基準は「世界で最も厳しい水準」の虚構」『科学』二〇一四年八月号、岩波書店）。

大飯原発の地震想定も、過去の地震の記録と周辺の活断層の調査分析という同様の手法に基づいてなされており、関西電力による大飯原発の地震想定だけが信頼に値するという根拠は見出せないとした。この判示こそが裁判所が大飯原発の運転を差し止める核となった論理である。実際に過去に誤りを重ねてきた理由について、裁判所は判断する必要がないとしているが、まさに判決も指摘するように、地震科学の経験科学としての限界が根本的な理由であり、端的に言えば、地震想定を過去の地震記録の平均値にもとづいて想定したところにある。このように、誰にでも理解可能な誤りの「実績」を重視し、それと同じ手法が根本的に見直されることなく用いられている以上、また同じ過ちを犯すかもしれないではないかと、これまた誰にでも理解できる論理で問題を指摘した点が画期的だといえる。

「安全余裕」に頼るのは間違い

関西電力は、この五例の地震によって原発の安全上重要な施設に損傷が生じなかったことを前提に、原発の施設には安全余裕ないし安全裕度があり、たとえ基準地震動を超える地震が到来しても直ちに安全上重要な施設の損傷の危険性が生じることはないと主張していた。

しかし、福井地裁判決は、安全余裕というものは、一般的に設備の設計にあたって、さまざまな構造物の材質のばらつき、溶接や保守管理の良否等の不確定要素が絡むから、求められるべき基準をぎりぎり満たすのではなく何倍かの余裕を持たせた設計がなされるとして、基準を超えれば設備の安全は確保できないとした。基準を超える負荷がかかっても設備が損傷しないことも当然あるが、それは不確定要素が比較的安定していたことを意味するにすぎず、安全が確保されていたからではない。したがって、たとえ、過去において、仮に原発施設が基準地震動を超える地震に耐えられたという事実が認められたとしても、今後、基準地震動を超える地震が大飯原発に到来しても施設が損傷しないということをなんら根拠づけるものではないと判示している。

これは安全余裕についての正しい見方を示している。ただし、実は二〇〇七年七月の中越沖地震時の柏崎刈羽原発では、一七〇〇ガルの揺れによって三〇〇〇カ所の同時故障が発生し、冷温停止にも手間取った。決して過去に安全上重要設備に損傷を生じなかったとは言えないのである。

外部電源と主給水系は壊れてもいいのか

判決は、原発の設備の重要度分類について問題点を指摘している。現在の規制基準は、原発施設の設計にあたって、安全上の重要度によって設備をクラス別に分け、特に重要とする設備だけを、耐震設計上きわめて堅固な設計とするとしている。これに対して判決は、外部電源と主給水系を取り上げ、福島では外部電源の途絶が事故の出発点となった。これが重要設備に分類されていないことは問題ではないかと指摘した。規制当局側も事故直後には外部電源などの重要度を上げることを検討したが、結局のところ、コストがかかりすぎるとして見送られてきた。この点について関西電力の控訴理由は、原判決が指摘する「主給水ポンプ」と「外部電源」は「安全上重要設備」でなく、このような指摘は原発の設計の基本を理解していないなどと批判している。しかし、この二つの設備の機能が失われると、ただちに原子炉冷却機能が損なわれ、他の安全上重要な設備の作動が必要となる。したがって、これら二つの設備の耐震性を高めることは深層防護（守りや備えを何層にもするという考え方）の観点からも重要である。この判決の指摘は本質的な問題提起であり、国と電力会社はこの判決にきちんと向き合って回答していく必要がある。

無防備な使用済み燃料プール

使用済み核燃料は原子炉格納容器の外の建屋内の使用済み核燃料プール内に置かれており、大飯原発でもその本数は一〇〇〇本を超える。使用済み核燃料プールから放射性物質が漏れたとき、原発敷地外部に放出されないように防御する堅固な設備は存在しない。判決は、このことを、差し止めを認めた理由の一つに挙げている。これに対して、関西電力は控訴理由において、科学的・専門技術的知見を無視した、「独自の発想に基づく誤った認定」などと主張する。

しかし、判決は、３・11事故当時、四号機は計画停止期間中であったため、使用済み核燃料プールに隣接する原子炉ウエルと呼ばれる場所に普段は張られていない水が入れられており、全電源喪失によって使用済み核燃料の温度が上昇して水が蒸発し、水位が低下した使用済み核燃料プールに原子炉ウエルから水圧の差で両方のプールを遮る防壁がずれることによって、期せずして水が流れ込んだこと、また、四号機で水素爆発が起きたにもかかわらず、プールの保水機能が維持されたこと、水素爆発によって原子炉建屋の屋根が吹き飛んだため、そこから水の注入が容易となったという幸運が重なったことを指摘して、四号機の使用済み核燃料プールが破滅的事態を免れたのは「僥倖《ぎょうこう》ともいえる」としている。判決は、正確な事実認識のもとに、福島原発事故では、使用済み核燃料プールの冠水状態が維持できなくなるという事態がかなり高い蓋然性《がいぜんせい》をもって起こりえたと判断しているのであり、関西電力が控訴理由で述べている批判はあたらない。

福井地裁判決は、「国民の生存を基礎とする人格権を放射性物質の危険から守るという観点からみると、本件原発に係る安全技術及び設備は、万全ではないのではないかという疑いが残るというにとどまらず、むしろ、確たる根拠のない楽観的な見通しのもとに初めて成り立ち得る脆弱なものであると認めざるを得ない」と断定している。判断基準としては万が一にも過酷事故を起こさない厳しい安全性を求めつつ、現実の大飯原発の安全性がそのような水準には遥かに及ばない脆弱なものであったことをはっきりと示したのである。

福井地裁判決は原発訴訟の流れの中でどのように位置づけられるか

一九九二年一〇月二九日の伊方原発訴訟の最高裁判決は、原発の安全審査の目的は、安全性が確保されない時は、従業員や周辺住民等の生命、身体に重大な危害を及ぼし、周辺の環境を放射能によって汚染するなど深刻な災害を引き起こす恐れがあり、そのような災害が万が一にも起こらないようにするためのものであるとした。事故の被害が取り返しのつかない巨大なものとなりうるという正確な認識が示されていた。

そして、裁判所は、現在の科学技術水準に照らして安全審査の過程に見逃すことができない過誤や欠落があるかどうかを判断するべきだと書かれている。通常の行政法の理論では、「その処分が違法だったどうか」は、その処分をしたときに、処分した側が知っていた事実をもとに判断すれば十分だとされかねない。しかし、地震学や地震関連分野の科学的進歩は著しく、数年で科学的な知見の内容は大きく変わる。日進月歩の時代に、古い科学技術水準を基準にしていたら、原発の安全性は保てない。したがって、現在の科学技術を基準とするべきことが、この最高裁判決で、明確に定まったのである。

福井地裁判決は、福島原発事故のような深刻な災害が万が一にも起こらないようにすることを司法判断の基準とし、民事差し止め訴訟においては、行政訴訟の場合の、規制基準の適合性や原子力規制委員会の審査の適否という観点ではなく、人格権と条理の観点から、具体的な危険性が万が一にもあるかどうかを裁判所として直接判断するという立場をとった。だからこそ、規制委員会の適合性審査の結果を待たずに判決を出すことができたのである。伊方原発訴訟の最高裁判決では原発の高い安全性を求めながら、運転の可否については専門家の判断を尊重しなければならないという矛盾した論理を採用していたが、福井地裁判決はそれを乗り越える論理として、民事訴訟の提訴の根拠である人格権と条理という、いわば原点に戻る考えで克服しようとしている。

これに対して、原子力を推進してきた立場である澤昭裕氏（経済産業省資源エネルギー庁などを経て、現在は日本経団連二一世紀政策研究所研究主幹）は、判決は「ゼロリスク」を求めており、行政と司法の二重の基準が併存することとなって不適切だとしている。しかし、もともと原発は絶対安全と主張してきたのは原発推進側である。また、澤氏には司法の機能についての誤解があるようだ。伊方判決が認めているように、規制行政の判断基準も過酷事故の危険性を万が一に留めるところに置かれるべきであったし、司法は行政の判断を現在の科学技術水準に照らして判断するのであるから、より厳しい判断となることは当然のことである。むしろ、司法がこのような厳しい判断をしてこなかったことが、福島原発事故の大きな原因となったのである。

三権分立の司法制度の下においては、行政の判断が司法の下に置かれるのは当然である。また、大飯原発に関する訴訟は電力会社を相手にした民事訴訟であり、伊方訴訟のような行政訴訟ではないから、裁判所が、行政判断とは別に危険性について独自の判断ができることも当然である。

現に、規制委員会は、テロ対策や避難計画については審査の対象としていない。しかし、これらの点に不備があれば周辺住民の生命や健康に大きな影響が及ぶことは明らかであるから、民事で差し止め判決が下せるのは当然であろう。

福島原発事故以前の旧態依然の議論を繰り返す原子力ムラ

日本原子力学会は判決直後の五月二七日、福井地裁判決に対して、事故原因が究明されていないとの指摘は事実誤認である、ゼロリスクを求める考え方は不適切である、工学的な安全対策を否定する考え方は不適切である、などとする見解を公表した。

しかし、事故の起きた炉心内部の検証すらできておらず、事故原因に津波だけでなく地震動も関与しているかどうかについて国会事故調と政府事故調の間に意見対立があることなど、事故の過程とその原因にいくつもの未解明な点があることは原子力学会自らが認めているのである。

ゼロリスクについては澤昭裕氏と同様の批判だが、工学的な安全対策を否定する考えという批判も当たらない。福井地裁判決は、緊急時の事故対策の信頼性について具体的な問題点を指摘している。地震は夜に発生するかもしれず、責任者もおらず人員も不足した状態で非常事態が起きる可能性がある。事実が正確に把握できない状態で対応が迫られる。事故原因も確定できていない。炉心損傷、メルトダウンまでの時間は限られる。危険発生を再現して緊急時の訓練を行なうことは危険すぎてできない。防御のためのシステムが地震で破壊される可能性がある。地震によって複数の設備が同時にあるいは相前後して使えなくなったり故障したりすることは機械というものの性質上当然考えられる。実際に放射性物質が一部でも漏れればその場所には近寄ることさえできなくなる。大飯原発に通ずる道路は限られており、施設外部からの支援も期待できない。

このように、きわめて具体的に事故対策の落とし穴が指摘されており、これらの多くが福島原発事故で実際に起き、また、あらためて発生の危険性が認識されたものである。

原子力学会の批判や関西電力の控訴理由を読むと、これはいつ書かれた文章なのか、果たして福島原発事故という深刻な大災害を現実として認識したうえで書かれているのか、はなはだ疑問に思うものばかりだ。関西電力にとっては、東電の福島原発事故は〝対岸の火事〟に過ぎないのかもしれないが、福島で現実となった事態を直視し、万が一にも大飯原発において同様の事故を再発させてはならないことが、課題として突きつけられていることを深く認識すべきである。

福井地裁判決とドイツにおける司法判断の共通性

福井地裁判決は、日本では驚きをもって迎えられたが、原発訴訟の経験を重ねたドイツで確立されてきた法理と極めて類似した論理構造を持っている。

私は二〇一四年五月、日弁連(日本弁護士連合会)の調査団の一員としてドイツの司法関係者を訪問した。ドイツでは原子力に関する訴訟において司法が積極的な判断を継続してきた。ドイツでは、行政裁判所において原発の認可の是非が判断されてきたが、認可処分の際にあらゆる見解に対して適切な考慮がなされなければならず、行政の調査不足、考慮不足があれば認可は取り消されるという判断枠組みがとられてきた。また、このような見解に対して評価をする際に、行政が恣意的な判断をすることは許されず、ある見解を採用しない場合にはその根拠が十分に示されなければ、そのような判断は恣意的な判断として取り消しの対象となるとされてきた(一九八八年、連邦行政裁判所ミュルハイムケリヒ原発第一次判決の要旨)。

そして、ミュルハイムケリヒ原発に関する一九九五年三月一一日のラインラント・プファルツ州高等行政裁判所判決は、行政庁の許可手続きにおいて評価・調査不足があったとして許可を取り消した。この判断は、一九九八年一月一四日、連邦行政裁判所ミュルハイムケリヒ原発第三次判決によって是認され、同炉の廃炉が決まった。高等行政裁判所は、行政庁は安全基準地震動を決定するにあたり、古い記録には不正確な記述が多いことを考慮に入れず、記録の正確さ(誤差範囲)に対する検討を怠っている。安全基準地震動の強度を決定する方法として行政庁のとった方法、すなわち、隣接するテクトニクス構造において過去に発生した最大強度の地震動を調査してその地震がそのテクトニクス構造のうち原発に最も近い地点で発生したと仮定する方法がある。しかし、テクトニクス構造については専門家においてもさまざまな意見がある。過去の地震記録は約一〇〇〇年という短い期間内に限られ、偶然に左右される要素もある。したがって、行政庁は、原発立地点のテクトニクス構造内で過去に発生した最大強度の地震動を割り出したうえで、これに安全係数を加えたうえ震源の深さ等について悪条件を想定するなどの追加的な方法による比較検討を行なう必要があった。安全基準地震動に対応する最大加速度を求める際に用いた算定式（Murphy/O'Brien）は、北アメリカにおいて過去に発生した地震をもとにそれらの中央値を表したものである。地震の強度と最大加速度の関係には大きなバラツキがあることを考えれば、これに対する批判的な検討が不可欠であったというものであった（判決の要約と翻訳は千葉恒久弁護士による）。この判決の論理は、高いレベルの安全性を求め、基準地震動の想定方法の不適切さを指摘している点で、大飯原発訴訟の福井地裁判決の論理と著しく似ているといえるだろう。

3・11を経てもなお、原発の安全性は本質的には改善はなされていない。このような状況で原発の再稼働を認めなかった福井地裁判決は、まさに市民の常識に沿って司法の良識を示したと言える。この判決は、決して一部の裁判官の考えによるものと評価すべきではない。関電側も抗《あらが》いようのない事実にもとづいて、誰もが納得できる論理によって導き出された骨太の判決であり、簡単に覆すことはできない構造になっている。私たちはこのような福井地裁判決の考え方を、福島原発事故という悲劇を経験した日本の国の司法の良心に基づくものとして、司法における揺るぎない判断の基準とするだけでなく、行政や立法府にも弘《ひろ》めていかなければならないと考える。

福井地裁判決はどのような影響をもたらすか

河合弘之

全国の原発訴訟の現状

3・11当時、係属中の差し止め等訴訟は大間《おおま》原発(二〇一〇年七月提訴)、浜岡原発(二〇〇二年四月提訴、二〇〇七年一〇月二六日敗訴により東京高裁に控訴)、島根原発(一九九九年四月提訴)、上関《かみのせき》原発(二〇〇八年一二月提訴)だけだった。

原発差し止め裁判は連敗を重ねていた。しかし、二〇一一年三月一一日の福島原発事故で一般の人が原発安全神話の欺瞞《ぎまん》に気づいたように、裁判官も気づいたのではないか、そうだとすると、ほとんどが電力会社や国の判断を追認してきた今までの訴訟とは異なってくるのではないか、裁判によって現実に原発を止めることができるのではないか、と私は思った。

そこで私はもう一度、全国の原発に対して差し止め訴訟を起こそうと呼びかけ、脱原発弁護団全国連絡会を二〇一一年七月に結成した。現在、三〇〇人近い弁護士が参加している。連絡会では、各地の原発訴訟の動きについて最新の情報交換を行ない、時には争点に適した専門家を招いて学習会を開催している。そして、長年にわたって原発訴訟に取り組んできた経験や知識が、初めて原発訴訟を提起する弁護団にも提供されている。現在、ほとんどの原発に対して差し止め訴訟が提起されている状況にある(三九頁の**図表**参照)。

福井地裁の大飯原発差し止め訴訟は二〇一二年一一月に提訴された。その弁護団は、若手弁護士が中心であり、脱原発弁護団全国連絡会を通じて、原発訴訟において重要な福島原発事故の被害論、原発の規制基準についての知識が共有された。3・11を通じて、原発の危険性、原発過酷事故の被害の重大さに直面した地元の弁護士自身が熱心に取り組みを進めた。

裁判においては、毎回原告らによる意見陳述が積み重ねられ、時には福島からの避難民が福島原発事故の被害の実情を訴えた。弁護団も福島原発事故の実相に迫った被害論とともに、大飯原発の危険性についての主張・立証を重ねた。

そして、3・11後、原発差し止めに関する訴訟の初めての司法判断が、この大飯原発福井地裁判決であった。裁判所が原発事故の過酷さに真摯に向き合い、もう二度とこのような事故を起こしてはいけないという判断を示したのである。

この判決は、全国で提起されている訴訟にも勇気を与えた。脱原発弁護団全国連絡会にも、報道関係者から、他の各地の原発訴訟の現状についての問い合わせが相次ぐなど、原発を止める手段としての訴訟にも注目が集まっている。

判決内容は各地の訴訟に水平展開できる

福井地裁大飯原発差し止め判決は非常に役立つ判決である。なぜならその差し止め理由は日本のほとんどの原発に当てはまるからである。

本判決は、おおよそ以下の理由から、大飯原発三、四号機の運転差し止めを命じた。

①ストレステストでクリフエッジ（冷却ができなくなる地震動のレベル）とされた一二六〇ガルを超える地震も起こりうると判断した。地震は地下深くで起こる現象であるから、その発生の機序の分析は仮説や推測に依拠せざるを得ない。地震は太古の昔から存在するが、正確な記録は近時のものに限られ、頼るべき過去のデータはきわめて限られていることを指摘した。

②七〇〇ガルを超えて一二六〇ガルに至らない地震について、被告はイベントツリーを策定してその対策をとれば安全としているが、イベントツリーによる対策が有効であることは論証されていない。とりわけ、地震によって複数の設備が同時にあるいは相前後して使えなくなったり故障したりすることは機械というものの性質上、当然考えられることとした。

③従来と同様の手法によって策定された基準地震動では、これを超える地震動が発生する危険があるとし、とりわけ、四つの原発に五回にわたって想定した基準地震動を超える地震が二〇〇五年以後一〇年足らずの間に到来しているという事実を重視した。

④被告は安全余裕があり基準地震動を超えても重要な設備の安全は確保できるとしたが、判決は、基準を超えれば設備の安全は確保できないとした。

⑤地震における外部電源の喪失や主給水の遮断が、七〇〇ガルを超えない基準地震動以下の地震動によって生じ得ることに争いはなく、これらの事態から過酷事故に至る危険性がある。

⑥使用済み核燃料は、福島原発事故において最も重大な被害をもたらすおそれがあるとされ、原子炉格納容器ほどの堅牢な施設に囲われることなく保存されているため、危険である。

これらの理由のうち、①から④と⑥、⑤のうち外部電源の喪失が基準地震動以下の地震動によ

原発	提訴日	裁判の主な請求の趣旨	係属裁判所	被告
泊	2011年11月11日	1～3号機の廃炉措置など	札幌地裁	北海道電力
大間	2010年7月28日	建設・運転差し止めなど	函館地裁	電源開発，国
大間	2014年4月3日	設置許可無効確認，建設停止義務づけ	東京地裁	電源開発，国
六ヶ所高レベル廃棄物貯蔵センター	1993年9月17日	事業許可取り消し	青森地裁	経済産業大臣
六ヶ所再処理工場	1993年12月3日	事業指定取り消し	青森地裁	経済産業大臣
東海第二	2012年7月31日	運転差し止め，設置許可無効確認	水戸地裁	日本原電，国
柏崎刈羽	2012年4月23日	1～7号機運転差し止め	新潟地裁	東京電力
志賀	2012年6月26日	1，2号機運転差し止め	金沢地裁	北陸電力
美浜，大飯，高浜(※)	2011年8月2日	再稼働禁止など	大津地裁	関西電力
美浜，大飯，高浜	2013年12月24日	再稼働禁止など	大津地裁	関西電力
敦賀(※)	2011年11月8日	1，2号機の運転差し止め	大津地裁	日本原電
大飯	2012年6月12日	3，4号機の運転停止を命じる義務づけ	大阪地裁	国
大飯	2012年11月29日	1～4号機の運転差し止めなど	京都地裁	関西電力，国
大飯	2012年11月30日	3，4号機の運転差し止め	名古屋高裁 金沢支部	関西電力
浜岡	2002年4月25日	3，4号機運転差し止め	東京高裁	中部電力
浜岡	2011年7月1日	3～5号機の運転終了，1～5号機廃炉要求	静岡地裁本庁	中部電力
浜岡	2011年5月27日	3～5号機の永久停止請求など	静岡地裁 浜松支部	中部電力，国
島根	1999年4月8日	1，2号機の運転差し止め	広島高裁 松江支部	中国電力
島根	2013年4月24日	3号機設置許可処分無効確認など	松江地裁	中国電力，国
上関	2008年12月2日	公有水面埋立事業免許の効力失効確認	山口地裁	山口県
伊方	2011年12月8日	1～3号機の運転差し止め	松山地裁	四国電力
玄海	2010年8月9日	3号機でのMOX燃料使用差し止め	佐賀地裁	九州電力
玄海(※)	2011年7月7日	2，3号機の運転差し止め	佐賀地裁	九州電力
玄海	2011年12月27日	1～4号機の運転差し止め	佐賀地裁	九州電力
玄海	2013年11月13日	3，4号機の運転停止命令義務づけ	佐賀地裁	国
玄海	2012年1月31日	1～4号機の運転差し止め	佐賀地裁	九州電力，国
川内	2012年5月30日	1，2号機の運転差し止めなど	鹿児島地裁	九州電力，国
川内(※)	2014年5月30日	1，2号機の運転差し止め	鹿児島地裁	九州電力

(※)は仮処分申請．未提訴は，女川・東通のみ．

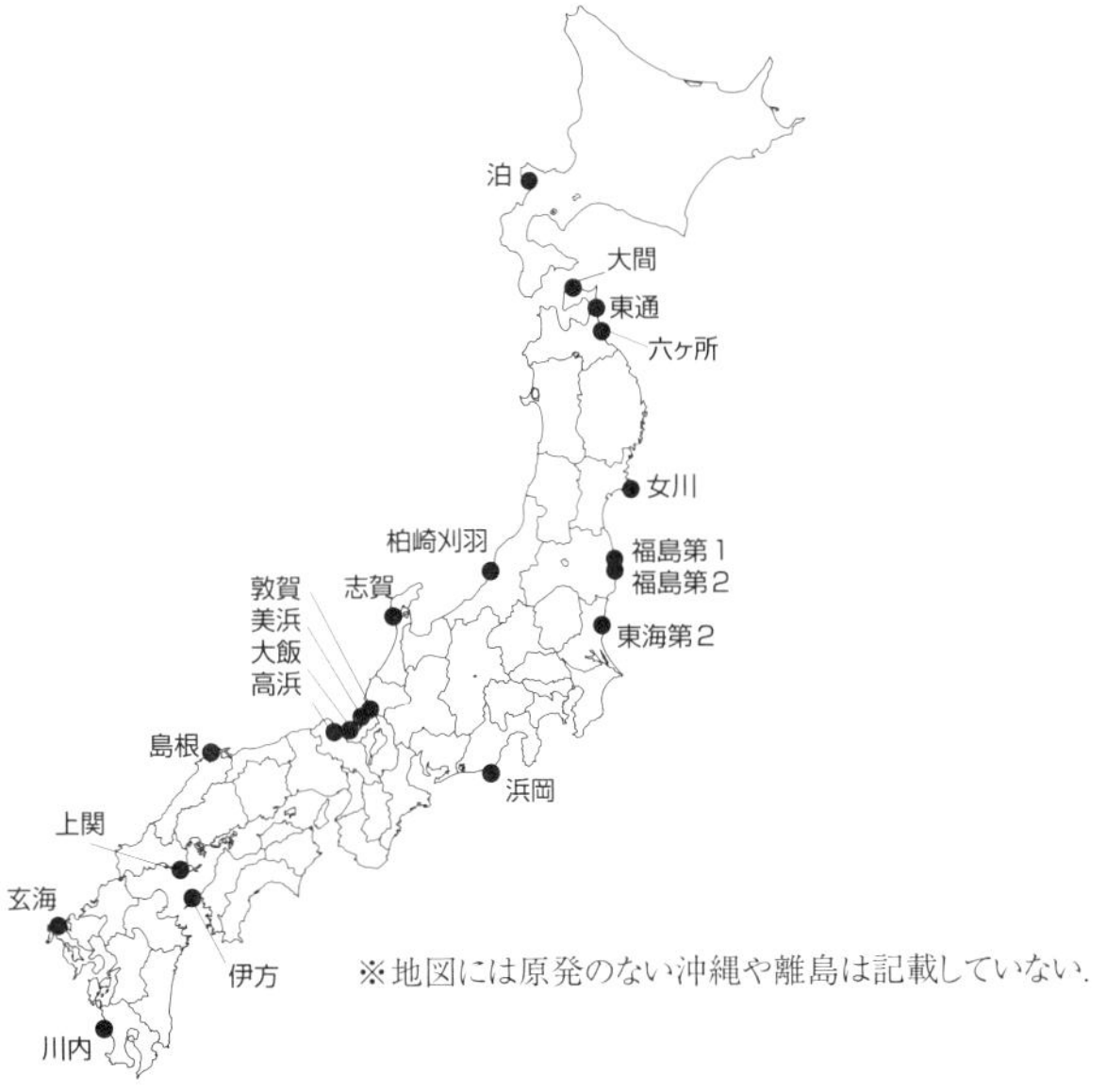

※地図には原発のない沖縄や離島は記載していない．

全国脱原発訴訟一覧　（脱原発弁護団全国連絡会・作成）

って生じ得ることについては、大飯原発三、四号機のみならず、全国の原発すべてにあてはまるものである。また、⑤のうち主給水の遮断が基準地震動以下の地震動によって生じ得ることについては、加圧水型の原発すべてにあてはまる。

全国の原発差し止め訴訟では、この福井地裁判決を裁判所に提出するとともに、この判決の論理を全国の原発に当てはめた主張を記載した準備書面を提出しつつある。先述のように、福井地裁判決はほとんどすべての原発に当てはまるものであり、これらの理由を覆すことができなければ、原告を敗訴させることはできない。それほど福井地裁判決の持つ意味と効用は大きい。

浜岡、伊方、川内

原発差し止め訴訟の審理は、新規制基準が策定されるまでは、基準策定待ちの状態であった。二〇一三年七月に新規制基準が策定された現在は、各事業者の適合性審査の結果待ちという状況にある。一種の停滞状況であった。

しかし、今回の福井地裁判決によって事態が動きつつあると実感している。中でも特筆すべきは、浜岡原発差し止め訴訟控訴審、伊方原発差し止め訴訟、川内《せんだい》原発差し止め訴訟である。

浜岡原発差し止め訴訟については、二〇〇二年に提訴した訴訟が二〇〇七年一〇月に地裁で敗訴し、現在東京高裁に係属している(その他に3・11以降、浜岡原発については二〇一一年五月に静岡地裁浜松支部において、続いて同年七月に静岡地裁本庁と二件の差し止め訴訟が提起されている)。控訴審においては、地震動および津波の基準が不当であり、かつ中部電力は基準に従っていないとの私たちの主張について、中部電力は実質的な反論ができずにいる。

伊方原発については、他の原発訴訟と同様に、原告側の主張に対して、相手方の四国電力は何らの反論もしてこなかった。裁判所が一二点にもわたって四国電力に対して釈明を求めたところ、四国電力は審査基準に適合したことの主張立証だけすると言明していた。大飯原発福井地裁判決の直後の口頭弁論期日で、原告は本件判決を提出し、直ちに結審するように迫った。

川内原発については二〇一二年五月三〇日に差し止め訴訟が提起され、毎回のように原告らによる意見陳述がなされてきた。しかし、ここも九州電力からの実質的な反論はなされないまま審理が続いていた。裁判所は規制基準の合理性について九州電力に釈明を求めたが、九州電力からは回答がなく、基準の当否は国がすることであって事業者が考えることではない、などと答えたという。

川内原発は適合性審査が最も早く進行し、原子力規制委員会の判断がなされ、新規制基準のもとで初の再稼働が危ぶまれている原発である。そこで、福井地裁判決直後の二〇一四年五月三〇日、仮処分の申し立てを行なった。裁判所の取り組みは積極的であり、年度内には仮処分についての判断がなされるのではないかと考えている。

原発訴訟が「軽装備化」

福井地裁判決の特徴の一つは、従来の原発訴訟のように科学論争の迷路に入ることなく、差し止めの判断をしたことである。

従来の原発訴訟から考えると異例ともいえる、一年五カ月という期間で、全八回の口頭弁論期日を経て、証人尋問をすることなく判決に至った。

このような短期間での判断を可能としたのは、前述のように大飯原発に基準地震動を超える地震が来るかどうかという争点について、専門的な科学論争に入らなかったことに一因がある。判決文において、基準地震動を導き出すさまざまな学説、考え方の当否については、「種々の議論があり得ようが、これらの問題については今後学術的に解決すべきものであって、当裁判所が立ち入って判断する必要のない事柄である」と判断した。そして、基準地震動を超える地震が二〇〇五年以後一〇年たらずの間に、四つの原発に対して五回も到来しているという動かぬ事実を重視して、大飯原発の運転は差し止めるべきだと判断したのである。

一般の民事事件において、一定の証拠から事実を認定し、心証形成し、一定の判断を導くのは基本である。福井地裁は異例の判断をしたのではなく、民事裁判の基本に戻って、事実を丁寧に認定し、差し止めるべきという結論に至ったのであるが、従来の原発裁判の審理過程と比較すると著しく簡潔であり、審理期間も短かった。このやり方をすれば裁判所の負担は著しく軽減され、かつ、正しい結論に早く到達できる。原発差し止め訴訟がこの方向に行くことが期待される。

検察審査会の起訴相当決定にも福井地裁判決の影響

七月三一日、検察審査会は東電幹部に起訴相当の議決を決定した。これは、二〇一二年六月、福島の原発事故被害者など一万四七一六人が東電役員らに対して業務上過失致死傷等を被疑事実として告訴告発を申し立て、二〇一三年九月に検察庁が不起訴処分としたのに対して、不当として検察審査会に申し立てていたものである。

私はこの告訴団の代理人として、検察審査会に福井地裁判決を書証として提出した。「両者には民事と刑事という違いのほか、将来の原発の差し止めと、過去の原発の事故についての責任という違いがあるが、被害の大きさに着目して、責任をどのようにとらえるかという点では共通する。福井地裁判決が、福島原発事故の被害の大きさを丁寧に認定し、万が一にもこのような事故を起こさないかどうかという観点から大飯原発の安全性について審査したのと同様に、取締役の過失責任についても、原発事故の被害の甚大さをかんがみて、高度な注意義務があるはずだ」と主張したのである。

東電幹部らの責任を認めた七月三一日の議決理由書には、福井地裁判決の影響が見て取れる。議決理由書は冒頭で、原発事故はいったん事故が起きると被害は甚大でその影響が極めて長期に及ぶため原子力発電を事業とする会社の取締役等は安全性の確保のためにきわめて高度な注意義務を負っている、との見解を提示する。これは、福井地裁判決の冒頭における「ひとたび深刻な事故が起これば多くの人の生命、身体やその生活基盤に重大な被害を及ぼす事業に関わる組織には、その被害の大きさ、程度に応じた安全性と高度の信頼性が求められて然るべきである」と呼応する。

そして、福島原発事故につき、「そもそも自然災害はいつ、どこでどのような規模で発生するかを確実に予測できるものではない」として、福井地裁と同様に、地震予測の不確実性を述べる。

また、原発を襲った宮城県沖地震および新潟県中越沖地震が、ともに基準地震動を超える地震であったことを述べている。これは、基準地震動を超える地震が二〇〇五年以後の一〇年足らずの間に五回あると福井地裁判決が示した通りである。

そして、不起訴処分の判断において、検察庁は「一〇メートル盤を大きく超えて建屋内が浸水し非常用電源設備等が被水して機能を喪失するにいたる程度……」と予見可能性の対象を極めて狭く解して、被疑者らに具体的予見可能性を認めるのは困難だとしたのに対し、検察審査会は「原子力発電所を扱う事業者として、安全性確保のための対策をとることが必要である津波として認識することが可能であったといえれば、津波襲来に関する具体的予見が可能であるというべき」だとして、各取締役の責任を認めた。

事故から三年六カ月が経過し、福島第一原発事故の記憶は早くも風化しているように危惧される。このような中、福島第一原発事故に立ち返って判断すべきとした福井地裁大飯原発差し止め判決の影響は各地で確実に表れている。

大飯原発三、四号機運転差止請求事件・判決要旨

主文

一　被告▼は、別紙原告目録一記載の各原告（大飯原発から二五〇キロメートル圏内に居住する一六六名）に対する関係で、福井県大飯郡おおい町大島一字吉見一－一において、大飯発電所三号機及び四号機の原子炉を運転してはならない▼。

二　別紙原告目録二記載の各原告（大飯原発から二五〇キロメートル圏外に居住する一二三名）の請求をいずれも棄却する▼。

三　訴訟費用は、第二項の各原告について生じたものを同原告らの負担とし、その余を被告の負担とする。

理由

1　はじめに

ひとたび深刻な事故が起これば多くの人の生命、身体やその生活基盤に重大な被害を及ぼす事業に関わる組織には、その被害の大きさ、程度に応じた安全性と高度の信頼性が求められて然るべきである。このことは、当然の社会的要請であるとともに、生存を基礎とする人格権が公法、私法を問わず、すべての法分野において、最高の価値を持つとされている以上、本件訴訟においてもよって立つべき解釈上の指針である。

二〇一四年五月二一日、福井地方裁判所において、樋口英明裁判長は、大飯原発三、四号機の運転差し止めを命じる判決を言い渡しました。

福島原発事故後初めての判決であった本判決は、運転差し止めという結論だけでなく、内容においても見るべきところの多い判決となっています。以下、補足の説明をしていきます。

（弁護士・鹿島啓一）

▼被告は関西電力株式会社です。

▼原発訴訟には、設置許可の取り消しなどを求める行政訴訟と、運転差し止めなどを求める民事訴訟がありますが、本裁判は後者です。

▼二五〇キロメートル圏外に居住する原告の請求は棄却されたので、敗訴した原告は控訴しました。

個人の生命、身体、精神及び生活に関する利益は、各人の人格に本質的なものであって、その総体が人格権であるということができる。人格権は憲法上の権利であり（一三条、二五条）、また人の生命を基礎とするものであるがゆえに、我が国の法制下においてはこれを超える価値を他に見出すことはできない。したがって、この人格権とりわけ生命を守り生活を維持するという人格権の根幹部分に対する具体的侵害のおそれがあるときは、人格権そのものに基づいて侵害行為の差止めを請求できることになる。▼人格権は各個人に由来するものであるが、その侵害形態が多数人の人格権を同時に侵害する性質を有するとき、その差止めの要請が強く働くのは理の当然である。

▼このように人格権が憲法上の権利であること、人格権に基づいて侵害行為の差し止めを請求できることは、本判決独自の考えではなく、判例・通説により認められています。人格権には、名誉権、プライバシー権などが含まれますが、本判決は、生命を守り生活を維持する権利に焦点をあてています。

2　福島原発事故について

福島原発事故においては、一五万人もの住民が避難生活を余儀なくされ、この避難の過程で少なくとも入院患者等六〇名がその命を失っている。家族の離散という状況や劣悪な避難生活の中でこの人数を遥かに超える人が命を縮めたことは想像に難くない。さらに、原子力委員会委員長が福島第一原発から二五〇キロメートル圏内に居住する住民に避難を勧告する可能性を検討した▼のであって、チェルノブイリ事故の場合の住民の避難区域も同様の規模に及んでいる。

年間何ミリシーベルト以上の放射線がどの程度の健康被害を及ぼすかについてはさまざまな見解があり、どの見解に立つかによってあるべき避難区域の広さも変わってくることになるが、既に二〇年以上にわたりこの問題に直面し続けてきたウクライナ

▼近藤駿介委員長が菅直人首相の要請を受けて二〇一一年三月二五日に作成した「福島第一原子力発電所の不測事態シナリオの素描」では、使用済み核燃料プールが冷却できなかった場合には避難区域が二五〇キロメートルに及ぶことが想定されていました。

共和国、ベラルーシ共和国は、今なお広範囲にわたって避難区域を定めている。両共和国の政府とも住民の早期の帰還を図ろうと考え、住民においても帰還の強い願いを持つことにおいて我が国となんら変わりはないはずである。それにもかかわらず、両共和国が上記の対応をとらざるを得ないという事実は、放射性物質のもたらす健康被害について楽観的な見方をした上で避難区域は最小限のもので足りるとする見解▼の正当性に重大な疑問を投げかけるものである。上記二五〇キロメートルという数字は緊急時に想定された数字にしかすぎないが、だからといってこの数字が直ちに過大であると判断することはできないというべきである。

▼原子力規制委員会が二〇一二年一〇月三一日に策定した原子力災害対策指針では、緊急防護措置（避難、屋内退避、安定ヨウ素剤の予防服用等）を準備する区域（ＵＰＺ）は原発から概ね半径三〇キロメートルの区域とされています。

3　本件原発に求められるべき安全性

（1）　原子力発電所に求められるべき安全性

1、2に摘示したところによれば、原子力発電所に求められるべき安全性、信頼性は極めて高度なものでなければならず、万一の場合にも放射性物質の危険から国民を守るべく万全の措置がとられなければならない。

原子力発電所は、電気の生産という社会的には重要な機能を営むものではあるが、原子力の利用は平和目的に限られているから（原子力基本法二条）、原子力発電所の稼動は法的には電気を生み出すための一手段たる経済活動の自由（憲法二二条一項）に属するものであって、憲法上は人格権の中核部分よりも劣位に置かれるべきものである。▼しかるところ、大きな自然災害や戦争以外で、この根源的な権利が極めて広汎に奪わ

▼本判決は、生命を守り生活を維持する権利を人格権の中核部分と位置づけており、経済活動の自由が生命を守り生活を維持する権利より劣位するという本判決の考えに異を唱える法律家はいないでしょう。

れるという事態を招く可能性があるのは原子力発電所の事故のほかは想定し難い。▼かような危険を抽象的にでもはらむ経済活動は、その存在自体が憲法上容認できないというのが極論にすぎるとしても、少なくともかような事態を招く具体的危険性が万が一でもあれば、その差止めが認められるのは当然である。▼このことは、土地所有権に基づく妨害排除請求権や妨害予防請求権においてすら、侵害の事実や侵害の具体的危険性が認められれば、侵害者の過失の有無や請求が認容されることによって受ける侵害者の不利益の大きさという侵害者側の事情を問うことなく請求が認められていることと対比しても明らかである。

新しい技術が潜在的に有する危険性を許さないとすれば社会の発展はなくなるから、新しい技術の有する危険性の性質やもたらす被害の大きさが明確でない場合には、その技術の実施の差止めの可否を裁判所において判断することは困難を極める。しかし、技術の危険性の性質やそのもたらす被害の大きさが判明している場合には、技術の実施に当たっては危険の性質と被害の大きさに応じた安全性が求められることになるから、この安全性が保持されているかの判断をすればよいだけであり、危険性を一定程度容認しないと社会の発展が妨げられるのではないかといった葛藤が生じることはない。原子力発電技術の危険性の本質及びそのもたらす被害の大きさは、福島原発事故を通じて十分に明らかになったといえる。▼本件訴訟においては、本件原発において、かような事態を招く具体的危険性が万が一でもあるのかが判断の対象とされるべきであり、福島原発事故の後において、この判断を避けることは裁判所に課された最も重

▼原発事故の持つ特殊性に言及した重要部分です。福島原発事故は、まさに「極めて広汎に」人々の根源的権利を奪っています。

▼本判決の判断枠組みは、「生命を守り生活を維持する権利が極めて広汎に奪われるという事態」を招く具体的危険性が万が一でもあれば、運転差し止めが認められるというものです。

▼本判決に対しては、ゼロリスクを求めるものであらゆるインフラが成り立たなくなるなどという批判がなされていますが、本判決の判断枠組みは、福島原発事故で明らかになった原発の危険性の本質とその被害の大きさから導かれるものであり、的外れな批判であるといえます。

要な責務を放棄するに等しいものと考えられる。

（２）原子炉規制法に基づく審査との関係

（１）の理は、上記のように人格権の我が国の法制における地位や条理等によって導かれるものであって、原子炉規制法をはじめとする行政法規の在り方、内容によって左右されるものではない。▼したがって、改正原子炉規制法に基づく新規制基準が原子力発電所の安全性に関わる問題のうちいくつかを電力会社の自主的判断に委ねていたとしても、その事項についても裁判所の判断が及ぼされるべきであるし、新規制基準の対象となっている事項に関しても新規制基準への適合性や原子力規制委員会による新規制基準への適合性の審査の適否という観点からではなく、▼（１）の理に基づく裁判所の判断が及ぼされるべきこととなる。

▼行政法規が定める安全審査とは別に、憲法や条理等にしたがって原発の安全性を厳しく審査することこそが「裁判所に課された最も重要な責務」だということになります。

▼新規制基準への適合性の審査は裁判所の判断を左右しないことを明らかにしています。

４　原子力発電所の特性

原子力発電技術は次のような特性を持つ。すなわち、原子力発電においてはそこで発出されるエネルギーは極めて膨大であるため、運転停止後においても電気と水で原子炉の冷却を継続しなければならず、▼その間に何時間か電源が失われるだけで事故につながり、いったん発生した事故は時の経過に従って拡大して行くという性質を持つ。このことは、他の技術の多くが運転の停止という単純な操作によって、その被害の拡大の要因の多くが除去されるのとは異なる原子力発電に内在する本質的な危険である。

したがって、施設の損傷に結びつき得る地震が起きた場合、速やかに運転を停止し、

▼核分裂で発生した核分裂生成物の崩壊にともなって発生する崩壊熱は、原子炉を停止させることで核分裂を停止させても発熱をしつづけるものであり、原子炉内で生産されている熱エネルギーの五パーセント以上を占めています。

運転停止後も電気を利用して水によって核燃料を冷却し続け、万が一に異常が発生したときも放射性物質が発電所敷地外部に漏れ出すことのないようにしなければならず、この止める、冷やす、閉じ込めるという要請はこの三つがそろって初めて原子力発電所の安全性が保たれることとなる。仮に、止めることに失敗するとわずかな地震による損傷や故障でも破滅的な事故を招く可能性がある。福島原発事故では、止めることには成功したが、冷やすことができなかったために放射性物質が外部に放出されることになった。また、我が国においては核燃料は、五重の壁▼に閉じ込められているという構造によって初めてその安全性が担保されているとされ、その中でも重要な壁が堅固な構造を持つ原子炉格納容器であるとされている。しかるに、本件原発には地震の際の冷やすという機能と閉じ込めるという構造において次のような欠陥がある。

5　冷却機能の維持について

(1)　一二六〇ガルを超える地震について

原子力発電所は地震による緊急停止後の冷却機能について外部からの交流電流によって水を循環させるという基本的なシステムをとっている。一二六〇ガル▼を超える地震によってこのシステムは崩壊し、非常用設備ないし予備的手段による補完もほぼ不可能となり、メルトダウンに結びつく。この規模の地震が起きた場合には打つべき有効な手段がほとんどないことは被告において自認しているところである。▼

しかるに、我が国の地震学会においてこのような規模の地震の発生を一度も予知で

▼燃料ペレット、燃料被覆管、原子炉圧力容器、原子炉格納容器、原子炉建屋の五つを指します。

▼震源における地震のエネルギーの大きさを表す単位が「マグニチュード」、特定の地点における地震動の大きさを表す単位が「ガル」です。震源から地震によって放出されたエネルギーが地殻内を伝わり、特定の地点に達するとその地盤を揺らすことになりますが、この特定の地点における地盤の揺れのことを「地震動」といいます。

▼関西電力は、核燃料の冷却手段が確保できなくなる地震レベル(クリフエッジ)を基準地震動七〇〇ガルの一・八倍である一二六〇ガルとしています。

きていないことは公知の事実である。地震は地下深くで起こる現象であるから、その発生の機序の分析は仮説や推測に依拠せざるを得ないのであって、仮説の立論や検証も実験という手法がとれない以上過去のデータに頼らざるを得ない。確かに地震は太古の昔から存在し、繰り返し発生している現象ではあるがその発生頻度は必ずしも高いものではない上に、正確な記録は近時のものに限られる▼ことからすると、頼るべき過去のデータは極めて限られたものにならざるをえない。したがって、大飯原発には一二六〇ガルを超える地震は来ないとの確実な科学的根拠に基づく想定は本来的に不可能である。むしろ、①我が国において記録された既往最大の震度は岩手宮城内陸地震における四〇二二ガルであり、一二六〇ガルという数値はこれをはるかに下回るものであること、②岩手宮城内陸地震は大飯でも発生する可能性があるとされる内陸地殻内地震であること、③この地震が起きた東北地方と大飯原発の位置する北陸地方ないし隣接する近畿地方とでは地震の発生頻度において有意的な違いは認められず、若狭地方の既知の活断層に限っても陸海を問わず多数存在すること、④この既往最大という概念自体が、有史以来世界最大というものではなく近時の我が国において最大というものにすぎないことからすると、一二六〇ガルを超える地震は大飯原発に到来する危険がある。▼

（2）　七〇〇ガルを超えるが一二六〇ガルに至らない地震について

ア　被告の主張するイベントツリーについて

被告は、七〇〇ガルを超える地震が到来した場合の事象を想定し、それに応じた対

▼日本全国を網羅する強震観測網が整備されたのは、一九九五年に発生した兵庫県南部地震（阪神・淡路大震災）後のことです。

▼入倉孝次郎京都大学名誉教授（強震動地震学）は、本判決について、「揺れの強さが一二六〇ガルを超える地震が絶対に来ないとは言い切れず、警告を発する意味で重要な判決だ」とコメントしています。ただし、「しかし、判決は科学的に十分精査しているとは言えない。新規制基準に基づき、関電は冷却システムが損傷するリスクを最小にする対策をとっているが、裁判官への説明が不十分だったのではないか」とも述べています（『毎日新聞』二〇一四年五月二二日付）。

応策があると主張し、これらの事象と対策を記載したイベントツリー▼を策定し、これらに記載された対策を順次とっていけば、一二六〇ガルを超える地震が来ない限り、炉心損傷には至らず、大事故に至ることはないと主張する。

しかし、これらのイベントツリー記載の対策が真に有効な対策であるためには、第一に地震や津波のもたらす事故原因につながる事象を余すことなくとりあげること、第二にこれらの事象に対して技術的に有効な対策を講じること、第三にこれらの技術的に有効な対策を地震や津波の際に実施できるという三つがそろわなければならない。

イ　イベントツリー記載の事象について

深刻な事故においては発生した事象が新たな事象を招いたり、事象が重なって起きたりするものであるから、第一の事故原因につながる事象のすべてを取り上げること自体が極めて困難であるといえる。

ウ　イベントツリー記載の対策の実効性について

また、事象に対するイベントツリー記載の対策が技術的に有効な措置であるかどうかはさておくとしても、いったんことが起きれば、事態が深刻であればあるほど、それがもたらす混乱と焦燥の中で適切かつ迅速にこれらの措置をとることを原子力発電所の従業員に求めることはできない。特に、次の各事実に照らすとその困難性は一層明らかである。

第一に地震はその性質上従業員が少なくなる夜間も昼間と同じ確率で起こる。突発的な危機的状況に直ちに対応できる人員がいかほどか、あるいは現場において指揮命

▼イベントツリーとは、ある事象が発生した時にどのように事態が進展していくかを、枝分かれ図を用いて解析するものです。福島原発事故後に各原発で行なわれたストレステストにおいて作成されました。関西電力は、大飯原発三、四号機のストレステストにおいて基準地震動の一・八倍である一二六〇ガル未満の地震が発生した場合であっても炉心を冷却することが可能であるとしました。

令系統の中心となる所長が不在か否かは、実際上は、大きな意味を持つことは明らかである。

第二に上記イベントツリーにおける対応策をとるためにはいかなる事象が起きているのかを把握できていることが前提になるが、この把握自体が極めて困難である。福島原発事故の原因について国会事故調査委員会は地震の解析に力を注ぎ、地震の到来時刻と津波の到来時刻の分析や従業員への聴取調査等を経て津波の到来前に外部電源の他にも地震によって事故と直結する損傷が生じていた疑いがある旨指摘しているものの、地震がいかなる箇所にどのような損傷をもたらしそれがいかなる事象をもたらしたかの確定には至っていない。▼一般的には事故が起きれば事故原因の解明、確定を行いその結果を踏まえて技術の安全性を高めていくという側面があるが、原子力発電技術においてはいったん大事故が起これば、その事故現場に立ち入ることができないため事故原因を確定できないままになってしまう可能性が極めて高く、福島原発事故においてもその原因を将来確定できるという保証はない。それと同様又はそれ以上に、原子力発電所における事故の進行中にいかなる箇所にどのような損傷が起きておりそれがいかなる事象をもたらしているのかを把握することは困難である。

第三に、仮に、いかなる事象が起きているかを把握できたとしても、地震により外部電源が断たれると同時に多数箇所に損傷が生じるなど対処すべき事柄は極めて多いことが想定できるのに対し、全交流電源喪失から炉心損傷開始までの時間は五時間余であり、炉心損傷の開始からメルトダウンの開始に至るまでの時間も二時間もないな

▼本判決が指摘するとおり国会事故調は、福島原発事故の原因について、地震によって事故と直結する損傷が生じていた疑いがあることを指摘しています。他方、政府事故調、東京電力、日本原子力学会は、この可能性を否定していますが、本判決は、国会事故調の指摘を否定しませんでした。

ど残された時間は限られている。

第四にとるべきとされる手段のうちいくつかはその性質上、緊急時にやむを得ずとる手段であって普段からの訓練や試運転にはなじまない。運転停止中の原子炉の冷却は外部電源が担い、非常事態に備えて水冷式非常用ディーゼル発電機のほか空冷式非常用発電装置、電源車が備えられているとされるが、たとえば空冷式非常用発電装置だけで実際に原子炉を冷却できるかどうかをテストするというようなことは危険すぎてできようはずがない。

第五にとるべきとされる防御手段に係るシステム自体が地震によって破損されることも予想できる。大飯原発の何百メートルにも及ぶ非常用取水路が一部でも七〇〇ガルを超える地震によって破損されれば、非常用取水路にその機能を依存しているすべての水冷式の非常用ディーゼル発電機が稼動できなくなることが想定できるといえる。また、埋戻土部分において地震によって段差ができ、最終の冷却手段ともいうべき電源車を動かすことが不可能又は著しく困難となることも想定できる。上記に摘示したことを一例として地震によって複数の設備が同時にあるいは相前後して使えなくなったり故障したりすることは機械というものの性質上当然考えられることであって、防御のための設備が複数備えられていることは地震の際の安全性を大きく高めるものではないといえる。

第六に実際に放射性物質が一部でも漏れればその場所には近寄ることさえできなくなる。

第七に、大飯原発に通ずる道路は限られており施設外部からの支援も期待できない。

エ　基準地震動の信頼性について

被告は、大飯原発の周辺の活断層の調査結果に基づき活断層の状況等を勘案した場合の地震学の理論上導かれるガル数の最大数値が七〇〇であり、そもそも、七〇〇ガルを超える地震が到来することはまず考えられないと主張する。しかし、この理論上の数値計算の正当性、正確性について論じるより、現に、全国で二〇箇所にも満たない原発のうち四つの原発に五回にわたり想定した地震動を超える地震が平成一七年以後一〇年足らずの間に到来しているという事実▼を重視すべきは当然である。地震の想定に関しこのような誤りが重ねられてしまった理由については、今後学術的に解決すべきものであって、当裁判所が立ち入って判断する必要のない事柄である。これらの事例はいずれも地震という自然の前における人間の能力の限界を示すものというしかない。本件原発の地震想定が基本的には上記四つの原発におけるのと同様、過去における地震の記録と周辺の活断層の調査分析という手法に基づきなされたにもかかわらず、被告の本件原発の地震想定だけが信頼に値するという根拠は見い出せない。▼

オ　安全余裕について

被告は本件五例の地震によって原発の安全上重要な施設に損傷が生じなかったことを前提に、原発の施設には安全余裕ないし安全裕度があり、たとえ基準地震動を超える地震が到来しても直ちに安全上重要な施設の損傷の危険性が生じることはないと主張している。

▼本書二六頁でも紹介されていますが、五例の他に、東海第二原発と女川原発においても基準地震動を超えた事例があるため、正確には合計七事例となります。

▼これまでの基準地震動の想定手法そのものが信頼できないことから、同様の手法に基づいて策定された大飯原発の基準地震動も信頼できないと判断しています。判決全文は、「マグニチュード七・三以下の地震は、活断層が地表に見られていない潜在的な断層によるものも少なくないことから、どこでもこのような規模の被害地震が発生する可能性があると考えられる」という中央防災会議の指摘からも七〇〇ガルをはるかに超える地震動をもたらす危険があると認定しています。

弁論の全趣旨によると、一般的に設備の設計に当たって、様々な構造物の材質のばらつき、溶接や保守管理の良否等の不確定要素が絡むから、求められるべき基準をぎりぎり満たすのではなく同基準値の何倍かの余裕を持たせた設計がなされることが認められる。このように設計した場合でも、基準を超えれば設備の安全は確保できない。この基準を超える負荷がかかっても設備が損傷しないことも当然あるが、それは単に上記の不確定要素が比較的安定していたことを意味するにすぎないのであって、安全が確保されていたからではない。したがって、たとえ、過去において、原発施設が基準地震動を超える地震に耐えられたという事実が認められたとしても、同事実は、今後、基準地震動を超える地震が大飯原発に到来しても施設が損傷しないということをなんら根拠づけるものではない。

（3）　七〇〇ガルに至らない地震について

ア　施設損壊の危険

本件原発においては基準地震動である七〇〇ガルを下回る地震によって外部電源が断たれ、かつ主給水ポンプが破損し主給水が断たれるおそれがあると認められる。

イ　施設損壊の影響

外部電源は緊急停止後の冷却機能を保持するための第一の砦であり、外部電源が断たれれば非常用ディーゼル発電機に頼らざるを得なくなるのであり、その名が示すとおりこれが非常事態であることは明らかである。福島原発事故においても外部電源が健全であれば非常用ディーゼル発電機の津波による被害が事故に直結することはなかったと考えられる。主給水は冷却機能維持のための命綱であり、これが断たれた場合にはその名が示すとおり補助的な手段にすぎない補助給水設備に頼らざるを得ない。前記のとおり、原子炉の冷却機能は電気によって水を循環させることによって維持されるのであって、電気と水のいずれかが一定時間断たれれば大事故になるのは必至である。原子炉の緊急停止の際、この冷却機能の主たる役割を担うべき外部電源と主給水の双方がともに七〇〇ガルを下回る地震によっても同時に失われるおそれがある。▼そして、その場合には(2)で摘示したように実際にはとるのが困難であろう限られた手段が効を奏さない限り大事故となる。

ウ　**補助給水設備の限界**

このことを、上記の補助給水設備についてみると次の点が指摘できる。緊急停止後において非常用ディーゼル発電機が正常に機能し、補助給水設備による蒸気発生器への給水が行われたとしても、①主蒸気逃がし弁による熱放出、②充てん系によるほう酸の添加、③余熱除去系による冷却のうち、いずれか一つに失敗しただけで、補助給水設備による蒸気発生器への給水ができないのと同様の事態に進展することが認められるのであって、補助給水設備の実効性は補助的手段にすぎないことに伴う不安定なものといわざるを得ない。また、上記事態の回避措置として、イベントツリーも用意されてはいるが、各手順のいずれか一つに失敗しただけでも、加速度的に深刻な事態に進展し、未経験の手作業による手順が増えていき、不確実性も増していく。▼事態の把握の困難性や時間的な制約のなかでその実現に困難が伴うことは(2)において摘示

▼外部電源と主給水ポンプは、重要度分類指針と耐震重要度分類のいずれにおいても最も低いクラスに分類されているため、基準地震動を下回る地震によって失われるおそれがあります。福島原発事故後に原子力規制委員会においてこれらの見直しが検討されましたが、新規制基準では見直しが行なわれず、新規制基準施行後の検討課題として先送りにされました(二〇一三年四月四日に開催された、発電用軽水型原子炉の新規制基準に関する検討チーム第二一回会合の資料三「7月以降の検討課題について」)。

▼外部電源と主給水が失われると、非常用ディーゼル発電機からの給電と補助給水設備による給水が行なわれたとしても、その後の各手順のいずれか一つに失敗しただけで加速度的に深刻な事態に

したとおりである。

エ　被告の主張について

被告は、主給水ポンプは安全上重要な設備ではないから基準地震動に対する耐震安全性の確認は行われていないと主張するが、主給水ポンプの役割は主給水の供給にあり、主給水によって冷却機能を維持するのが原子炉の本来の姿であって、そのことは被告も認めているところである。安全確保の上で不可欠な役割を第一次的に担う設備はこれを安全上重要な設備であるとして、それにふさわしい耐震性を求めるのが健全な社会通念であると考えられる。このような設備を安全上重要な設備ではないとするのは理解に苦しむ主張であるといわざるを得ない。

（4）小括

日本列島は太平洋プレート、オホーツクプレート、ユーラシアプレート及びフィリピンプレートの四つのプレートの境目に位置しており、全世界の地震の一割が狭い我が国の国土で発生する。この地震大国日本において、基準地震動を超える地震が大飯原発に到来しないというのは根拠のない楽観的見通しにしかすぎない上、基準地震動に満たない地震によっても冷却機能喪失による重大な事故が生じ得るというのであれば、そこでの危険は、万が一の危険という領域をはるかに超える現実的で切迫した危険と評価できる。▼このような施設のあり方は原子力発電所が有する前記の本質的な危険性についてあまりにも楽観的といわざるを得ない。

進展することは、関西電力が作成したイベントツリーに明記されています（大飯発電所三号機ストレステスト評価［詳細資料］）。

▼本判決における運転差し止めの判断基準は「生命を守り生活を維持する権利が極めて広汎に奪われるという事態を招く具体的危険性が万が一でもあるか」ということですが、本件原発でこのような事態を招く危険は「万が一の危険という領域をはるかに超える現実的で切迫した危険」と評価しました。

6　閉じ込めるという構造について（使用済み核燃料の危険性）

（1）使用済み核燃料の現在の保管状況

原子力発電所は、いったん内部で事故があったとしても放射性物質が原子力発電所敷地外部に出ることのないようにする必要があることから、その構造は堅固なものでなければならない。

そのため、本件原発においても核燃料部分は堅固な構造をもつ原子炉格納容器の中に存する。他方、使用済み核燃料は本件原発においては原子炉格納容器の外の建屋内の使用済み核燃料プールと呼ばれる水槽内に置かれており、その本数は一〇〇〇本を超えるが▼、使用済み核燃料プールから放射性物質が漏れたときこれが原子力発電所敷地外部に放出されることを防御する原子炉格納容器のような堅固な設備は存在しない。

（2）使用済み核燃料の危険性

福島原発事故においては、四号機の使用済み核燃料プールに納められた使用済み核燃料が危機的状況に陥り▼、この危険性ゆえに前記の避難計画▼が検討された。原子力委員会委員長が想定した被害想定のうち、最も重大な被害を及ぼすと想定されたのは使用済み核燃料プールからの放射能汚染であり、他の号機の使用済み核燃料プールからの汚染も考えると、強制移転を求めるべき地域が一七〇キロメートル以遠にも生じる可能性や、住民が移転を希望する場合にこれを認めるべき地域が東京都のほぼ全域や横浜市の一部を含む二五〇キロメートル以遠にも発生する可能性があり、これらの範囲は自然に任せておくならば、数十年は続くとされた。

▼核燃料サイクル政策は破綻し、高レベル放射性廃棄物処分問題も解決の糸口を見出せないまま、原発の運転によって発生する使用済み核燃料は、各地の原発の使用済み核燃料プールに溜まっています。

▼四号機の使用済み核燃料プールの冷却機能は喪失しましたが、たまたま隣の原子炉ウエルと呼ばれる場所から水が流れ込んだことで使用済み核燃料の破損を免れたことが後に判明しました。

▼前記の近藤駿介「福島第一原子力発電所の不測事態シナリオの素描」を指しています。米国は、実際に在日米国人に対して福島第一原発から半径約八〇キロメートル圏内からの脱出を呼びかけました。

（3） 被告の主張について

被告は、使用済み核燃料は通常四〇度以下に保たれた水により冠水状態で貯蔵されているので冠水状態を保てばよいだけであるから堅固な施設で囲い込む必要はないとするが、以下のとおり失当である。

ア 冷却水喪失事故について

使用済み核燃料においても破損により冷却水が失われれば被告のいう冠水状態が保てなくなるのであり、その場合の危険性は原子炉格納容器の一次冷却水の配管破断の場合と大きな違いはない。福島原発事故において原子炉格納容器のような堅固な施設に囲まれていなかったにもかかわらず四号機の使用済み核燃料プールが建屋内の水素爆発に耐えて破断等による冷却水喪失に至らなかったこと、あるいは瓦礫がなだれ込むなどによって使用済み核燃料が大きな損傷を被ることがなかったことは誠に幸運と言うしかない。使用済み核燃料も原子炉格納容器の中の炉心部分と同様に外部からの不測の事態に対して堅固な施設によって防御を固められてこそ初めて万全の措置をとられているということができる。▼

イ 電源喪失事故について

本件使用済み核燃料プールにおいては全交流電源喪失から三日を経ずして冠水状態が維持できなくなる。我が国の存続に関わるほどの被害を及ぼすにもかかわらず、全交流電源喪失から三日を経ずして危機的状態に陥る。そのようなものが、堅固な設備によって閉じ込められていないままいわばむき出しに近い状態になっているのである。

▼たとえば、竜巻による飛来物が燃料取扱建屋の屋根を貫通して使用済み核燃料プールに侵入する危険性があることを関西電力も認めています（「大飯3号炉及び4号炉竜巻影響評価について」四三頁）。

（4）　小括

使用済み核燃料は本件原発の稼動によって日々生み出されていくものであるところ、使用済み核燃料を閉じ込めておくための堅固な設備を設けるためには膨大な費用を要するということに加え、国民の安全が何よりも優先されるべきであるとの見識に立つのではなく、深刻な事故はめったに起きないだろうという見通しのもとにかような対応が成り立っているといわざるを得ない。

7　本件原発の現在の安全性

以上にみたように、国民の生存を基礎とする人格権を放射性物質の危険から守るという観点からみると、本件原発に係る安全技術及び設備は、万全ではないのではないかという疑いが残るというにとどまらず、むしろ、確たる根拠のない楽観的な見通しのもとに初めて成り立ち得る脆弱なものであると認めざるを得ない。▼

8　原告らのその余の主張について

原告らは、地震が起きた場合において止めるという機能においても本件原発には欠陥があると主張する等さまざまな要因による危険性を主張している。しかし、これらの危険性の主張は選択的な主張と解されるので、その判断の必要はないし、環境権に基づく請求も選択的なものであるから同請求の可否についても判断する必要はない。

原告らは、上記各諸点に加え、高レベル核廃棄物の処分先が決まっておらず、同廃

▼「万が一の危険をはるかに超える現実的で切迫した危険」を認定したと評価できます。判決全文では、次のように新規制基準にも言及しています。

「現在、新規制基準が策定され各地の原発で様々な施策が採られようとしているが、新規制基準には外部電源と主給水の双方について基準地震動に耐えられるまで強度を上げる、基準地震動を大幅に引き上げこれに合わせて設備の強度を高める工事を施工する、使用済み核燃料を堅固な施設で囲い込む等の措置は盛り込まれていない。したがって、被告の再稼動申請に基づき、5、6に摘示した問題点が解消されることがないまま新規制基準の審査を通過し本件原発が稼動に至る可能性がある。こうした場合、本件原発の安全技術及び設備の脆弱性は継続することとなる」

棄物の危険性が極めて高い上、その危険性が消えるまでに数万年もの年月を要することからすると、この処分の問題が将来の世代に重いつけを負わせることを差止めの理由としている。幾世代にもわたる後の人々に対する我々世代の責任という道義的にはこれ以上ない重い問題について、現在の国民の法的権利に基づく差止訴訟を担当する裁判所に、この問題を判断する資格が与えられているかについては疑問があるが、7に説示したところによるとこの判断の必要もないこととなる。▼

9　被告のその余の主張について

他方、被告は本件原発の稼動が電力供給の安定性、コストの低減につながると主張するが、当裁判所は、極めて多数の人の生存そのものに関わる権利と電気代の高い低いの問題等とを並べて論じるような議論に加わったり、その議論の当否を判断すること自体、法的には許されないことであると考えている。このコストの問題に関連して国富の流出や喪失の議論があるが、たとえ本件原発の運転停止によって多額の貿易赤字が出るとしても、これを国富の流出や喪失というべきではなく、豊かな国土とそこに国民が根を下ろして生活していることが国富であり、これを取り戻すことができなくなることが国富の喪失であると当裁判所は考えている。

また、被告は、原子力発電所の稼動がCO_2排出削減に資するもので環境面で優れている旨主張するが、原子力発電所でひとたび深刻事故が起こった場合の環境汚染はすさまじいものであって、福島原発事故は我が国始まって以来最大の公害、環境汚染であ

▼本判決は、高レベル核廃棄物の処分問題を民事差し止め訴訟で判断することは難しいとしながらも、「道義的にはこれ以上ない重い問題」と指摘しました。米国の行政訴訟においては高レベル核廃棄物の処分問題が判断の対象とされています。

ることに照らすと、環境問題を原子力発電所の運転継続の根拠とすることは甚だしい筋違いである。

10　結論

以上の次第であり、原告らのうち、大飯原発から二五〇キロメートル圏内に居住する者(別紙原告目録一記載の各原告)は、本件原発の運転によって直接的にその人格権が侵害される具体的な危険があると認められるから、これらの原告らの請求を認容すべきである。

福井地方裁判所民事第二部

裁判長裁判官　樋口英明

裁判官　石田明彦

裁判官　三宅由子

小出裕章

1949年，東京生まれ．京都大学原子炉実験所助教．東北大学工学部原子核工学科卒，同大学院修了．放射線計測，原子力施設の工学的安全性の分析が専門．著書に『隠される原子力・核の真実』(創史社)，『放射能汚染の現実を超えて』(河出書房新社)など多数．

海渡雄一

1955年生まれ．弁護士．東京大学法学部卒業．脱原発弁護団全国連絡会共同代表，日弁連秘密保全法制対策本部副本部長．著書に『原発訴訟』(岩波新書)，『何のための秘密保全法か』(共著，岩波ブックレット)など多数．

島田 広

1968年生まれ．弁護士．金沢大学大学院法務研究科非常勤講師．大飯原発福井訴訟弁護団副団長．これまでに高速増殖炉もんじゅ設置許可無効確認訴訟などの弁護団に参加．

中嶌哲演

1942年生まれ．明通寺(福井県小浜市)住職．1963年，学生時代に原爆被爆者と出会い，1968〜94年に被爆者援護托鉢．以来，小浜市をはじめ福井県内外の反原発／脱原発運動に参加．

河合弘之

1944年，旧満州生まれ．弁護士．東京大学法学部卒業．脱原発弁護団全国連絡会共同代表，浜岡原発差止訴訟弁護団長，大間原発差止訴訟弁護団共同代表など．

動かすな、原発。
——大飯原発地裁判決からの出発

岩波ブックレット 912

2014年10月7日　第1刷発行
2015年 9 月4日　第3刷発行

著　者　小《こ》出《いで》裕《ひろ》章《あき》　海《かい》渡《ど》雄《ゆう》一《いち》　島《しま》田《だ》広《ひろし》　中《なか》嶌《じま》哲《てつ》演《えん》　河《か》合《わい》弘《ひろ》之《ゆき》

発行者　岡本 厚

発行所　株式会社 岩波書店
〒101-8002 東京都千代田区一ツ橋 2-5-5
電話案内 03-5210-4000　販売部 03-5210-4111
ブックレット編集部 03-5210-4069
http://www.iwanami.co.jp/hensyu/booklet/

印刷・製本　法令印刷　装丁　副田高行　表紙イラスト　藤原ヒロコ

ISBN 978-4-00-270912-3　Printed in Japan